AF361100

LE TRAVAILLEUR
AGRICOLE FRANÇAIS

GEORGES RISLER

PRÉSIDENT DU MUSÉE SOCIAL

LE TRAVAILLEUR
AGRICOLE FRANÇAIS

PRÉFACE

DE

J. MÉLINE, ANCIEN PRÉSIDENT DU CONSEIL

PAYOT, PARIS
106, BOULEVARD ST-GERMAIN

1923

PRÉFACE

Sous ce titre, M. Georges RISLER qui a dans le sang par son vénéré parent Eugène RISLER, un des premiers apôtres de notre agriculture renaissante, la passion de la terre et l'amour des agriculteurs, vient de condenser dans une œuvre magistrale les études de toute sa vie. Pour lui le travailleur agricole comprend tous les Français qui, de près ou de loin, par leurs bras ou leur intelligence, par leur travail manuel ou intellectuel, par les recherches de la science ou par leurs capitaux, contribuent à mettre en valeur la Terre de France. Dans cette étude générale on retrouve l'auteur de tant de publications remarquables qui ont fait de Georges RISLER comme l'incarnation du Musée social, de cette Académie libre qui répand sur tous les problèmes économiques et sociaux des flots de lumière.

Bien avant la guerre le Musée social avait déjà porté le gros de son effort sur le problème agricole, qu'il avait creusé à fond dans sa section agricole présidée par un de nos premiers agronomes français, par cette intelligence d'élite et ce cerveau organisateur qui s'appelle Eugène TISSERAND.

Nous sommes aujourd'hui au lendemain de l'horrible destruction qui n'a pas seulement fauché 1.500.000 Français, la fleur de la nation, et détruit de fond en comble les plus riches trésors de la France, accumulés dans nos plus grands, nos plus beaux départements ; le reste de la France, sans avoir été le théâtre des batailles, a été à son tour appauvri non seulement par les charges et contributions de guerre, mais plus encore par la diminution du nombre de ses meilleurs travailleurs.

C'est tout cela qu'il faut aujourd'hui reconstruire et on ne le peut qu'en reconstituant sous toutes les formes le capital productif de la France, et le premier de tous, à quelque point de vue qu'on se place, c'est la Terre, la belle et bonne Terre de France qui a enfanté nos héros et qui est prête à faire des miracles pour achever et féconder leur victoire.

Dans l'ordre des facteurs économiques de reconstitution il n'y a qu'elle qui soit vraiment inépuisable ; mais pour en faire sortir ses trésors, il faut la creuser profondément, la remuer sans cesse, l'enrichir de substances fécondantes et lui confier les meilleures semences. Elle est prête à livrer d'admirables récoltes, mais elle exige et elle attend beaucoup du semeur d'élite qui doit la féconder. C'est ce semeur dont M. RISLER a entrepris l'éducation professionnelle en lui consacrant l'ouvrage qu'il publie aujourd'hui et qui sera accueilli avec reconnaissance non seulement par les Travailleurs de la Terre, mais par tous les bons Français soucieux de l'avenir et du relèvement de la Patrie.

* *

Nous n'entreprendrons pas d'analyser les nombreux chapitres qui, dans un ordre méthodique où tout s'enchaîne, embrassent sous tous ses aspects l'ensemble du problème agricole. Car ce n'est pas une simple monographie sur le travail agricole qu'écrit M. Georges RISLER, c'est une véritable encyclopédie agricole, une revue générale et approfondie de tous les sujets qui, en ce moment, absorbent l'attention des amis de la Terre, de tous ceux qui suivent pas à pas l'immense évolution qui s'accomplit dans les profondeurs de nos campagnes.

Ce n'est pas seulement le travail matériel de la Terre qui fait l'objet de ce catéchisme rural. C'est tout ce qui le prépare, le dirige et le féconde, tout ce qui contribue à la réalisation de cet idéal : inspirer à tous ceux qui travaillent à la terre et qui concourent à sa mise en valeur, la passion et l'orgueil de leur profession, les intéresser à tous les progrès, à toutes les découvertes qui peuvent faire sortir du sol les richesses cachées dans ses profondeurs.

M. RISLER ne s'en tient pas là : pour attirer le plus possible de Français à la terre et les y retenir, il rêve d'une transformation complète de la vie à la campagne et il en esquisse les grandes lignes dans les chapitres qu'il consacre à la transformation, à l'amélioration du village lui-même. Son plan de réforme commence à l'école primaire rurale dont il est d'avis de modifier profondément dans le sens agricole les programmes et les méthodes ; pour cela il est d'avis de donner aux instituteurs de nos villages une instruction spéciale dans les écoles normales et surtout une éducation pratique qui en fasse de petits professeurs d'agriculture.

Il demande enfin qu'on remanie complètement le programme et les méthodes d'enseignement pour les jeunes filles de la campagne qui sont appelées à jouer aujourd'hui un si grand rôle dans la marche en avant de notre agriculture.

Ce n'est pas seulement l'instruction au village que M. Risler propose de transformer, c'est le village lui-même, dont il veut rendre le séjour de plus en plus agréable, aussi bien par sa coquetterie architecturale que par les saines et charmantes distractions qu'il est si facile d'y multiplier. Il souligne avec juste raison la révolution que l'électricité seule va opérer dans les plus petites communes par ses innombrables applications.

A l'agrément de la vie, M. Risler demande qu'on ajoute pour les travailleurs agricoles la sécurité du lendemain qui est aujourd'hui le grand objectif, le tourment du monde des travailleurs, à la campagne aussi bien qu'à la ville. Il énumère et passe en revue les principaux progrès économiques et sociaux qui entrent de plus en plus dans la pratique, parce qu'ils sont aujourd'hui mieux compris par les travailleurs eux-mêmes : pourquoi ne pas organiser pour les ouvriers agricoles et même les petits fermiers des caisses d'assurance contre les accidents, contre la maladie, des caisses de retraite pour la vieillesse ? pourquoi ne pas multiplier les coopératives de toute nature, les sociétés de crédit immobilier, qui, avec l'aide de l'État, permettront aux plus modestes agriculteurs de se transformer en propriétaires ?

Je m'arrête ici pour ne pas être trop long : une analyse complète de l'immense travail de M. Georges Risler m'entraînerait trop loin. Je me suis fait un plaisir et un devoir de le présenter au public, au grand public même, et de le souligner : il sera intéressant même pour les profanes ; j'entends par là ceux qui, sans être des agriculteurs de profession, désirent se rendre compte de la prodigieuse évolution qui est en train de s'accomplir dans les profondeurs du pays.

Elle leur rendra confiance dans l'avenir de la France en même temps qu'elle prouvera à nos rivaux dans le monde, à ceux qui livrent l'éternelle bataille de la suprématie économique, que la France, si appauvrie qu'elle puisse être à certaines heures, quand elle se sacrifie pour le salut de l'humanité, possède toujours dans son sol, dans son génie, et dans l'intrépidité de ses travailleurs, les moyens et la certitude de se relever.

Elle ne faillira pas aujourd'hui à son devoir, malgré que ceux qui la voient à l'œuvre ne soient pas toujours justes pour elle. Elle continuera à mériter leur estime, si elle n'obtient par leur secours, en montrant au monde qu'elle reste toujours, même méconnue, le plus riche foyer de travail, de courage et de désintéressement.

J. MÉLINE.

LE TRAVAILLEUR AGRICOLE FRANÇAIS

INTRODUCTION

Les agents de la production agricole. — Les transformations de l'agri-
culture. — Son industrialisation. — Le capital. — Le cheptel. —
Développement de l'outillage. — Les engrais. — L'enseignement.
— La solidarité. — La main-d'œuvre.

LES AGENTS DE LA PRODUCTION AGRICOLE

Comme l'ingénieur et l'ouvrier dans l'industrie, le travailleur rural est évidemment l'un des éléments prépondérants
de la production agricole ; d'autres cependant, à côté de lui,
concourent au même but. Nous voudrions examiner ici la
situation morale, matérielle et sociale du travailleur agricole, montrer les avantages et les difficultés qu'elle comporte, indiquer les aspirations matérielles et morales qui
sont les siennes, ses besoins ; rechercher quelles sont les
améliorations qu'il désire, la mesure dans laquelle elles lui
ont été offertes, les motifs qui l'entraînent à délaisser le travail des champs et enfin les moyens par lesquels on semble
pouvoir l'y retenir.

Une question se pose immédiatement : dans quelle mesure
ont évolué les facteurs intellectuels et matériels de la production agricole ? La situation des travailleurs a-t-elle suivi
une progression équivalente ? Les améliorations réalisées
en leur faveur sont-elles d'importance supérieure ou au
moins égale ?

Pour qu'une opinion sur ce point puisse nettement se

dégager, il nous paraît indispensable d'exposer, dans un bref aperçu d'ensemble, l'évolution qui s'est produite en agriculture au cours des 60 dernières années. Nous nous sommes arrêté à cette période, parce qu'elle a vu s'accomplir d'importants changements, tandis que, depuis les progrès réalisés pendant la seconde moitié du XVIIIe siècle, et jusque vers 1860, il semble ne s'être introduit dans la technique agricole que des modifications bien modestes.

LES TRANSFORMATIONS DE L'AGRICULTURE

Tant au point de vue de la vente de ses récoltes qu'au point de vue de leur production, c'est surtout depuis la Révolution que l'agriculture a été obligée d'abandonner peu à peu le particularisme dans lequel elle avait vécu jusque-là.

La suppression des douanes intérieures réalisée à cette époque élargit sensiblement le champ d'action des agriculteurs quant à la vente de leurs produits ; le développement du réseau routier, le creusement des canaux sous Napoléon Ier accélérèrent dans une importante mesure et facilitèrent leur circulation.

Mais qu'était-ce, à côté des avantages si considérables qu'allait apporter la création des voies ferrées pendant la seconde moitié du règne de Louis-Philippe, et les dix premières années du Second Empire ? Vers 1860, après la période si active de construction, qui avait duré près d'un quart de siècle, on entra dans l'ère du plein rendement.

Le vaste élargissement du champ de consommation des produits agricoles par la possibilité qu'offraient les voies ferrées d'atteindre presque toutes les régions du territoire ne parut cependant pas suffisant, et le gouvernement impérial l'agrandit encore en concluant, à cette même époque, avec l'Angleterre, le premier traité de commerce.

Dans ce pays voisin, et aujourd'hui notre allié, l'industrie, depuis la découverte de James WATT, avait pris un énorme développement ; ç'avait été, dans une légère mesure, au détriment de l'agriculture qui, ne rapportant pas des bénéfices aussi considérables, avait été quelque peu délaissée.

La production de la terre n'avait pas été sensiblement accrue, tandis que, parallèlement à l'augmentation de la fortune des industriels et à la progression des salaires, le pouvoir de consommation et les besoins généraux (standard of life) de la population anglaise avaient progressé dans une large proportion.

Par le traité de commerce de 1860, notre agriculture fut appelée à combler, pour une part, le déficit qui s'était ainsi peu à peu produit. La répercussion naturelle et immédiate dans notre pays fut une hausse importante de tous les produits agricoles, et une modification essentiellement favorable de la situation de nos agriculteurs.

*
* *

La prospérité de l'agriculture permit certainement d'amorcer plus facilement à cette époque la grande transformation qui depuis longtemps déjà s'imposait.

Il était, en effet, devenu indispensable que l'agriculture, se dégageant peu à peu et assez tardivement de l'empirisme, s'orientât en France, après d'autres contrées, vers des procédés d'exploitation se rapprochant davantage de ceux de l'industrie.

On pourra discuter à perte de vue pour décider si ce fut un événement heureux ou malheureux. Il est loisible à chacun de se livrer à des descriptions infiniment poétiques et charmantes de la vie des champs, à l'époque où une propriété devait se suffire à elle-même et produire tout ce qui était nécessaire à ses occupants.

C'était l'âge d'or, paraît-il ; on avait tout en abondance ; les hommes étaient excellents, les mœurs parfaites, etc... Comment expliquer alors la Révolution de 1789, reconnue inéluctable même par presque tous ceux qui ne la voulaient pas ?

Le prestige du passé, synonyme pour nous de notre jeunesse, ne suffit-il pas à expliquer ces appréciations enthousiastes ?

Le plus beau règne de l'histoire n'apparaît-il pas à beaucoup d'entre nous, comme dans certaine pièce de M. de Flers, celui du souverain sous lequel nous avons eu nos vingt ans ?

Le gros linge tissé à la ferme était-il vraiment plus agréable que celui qu'on achète aujourd'hui deux fois moins cher et qui est sensiblement plus doux ?

Comment faisait-on pour remédier à l'absence de la récolte de lin ou de chanvre lorsque celle-ci manquait ?

La gelée, la grêle, ne se chargeaient-elles pas, à cette époque comme maintenant, de supprimer totalement la récolte attendue de tel ou tel produit ? Ce bon vieux temps si regretté ne connut-il pas, non seulement les disettes fréquentes, mais les famines ? Qu'on lise dans la Revue des Revues, l'histoire de celle de 1662 racontée par M. l'abbé Griselle, uniquement d'après des documents authentiques.

Qui ne se rappelle, dans les Mémoires de Mme de Rémusat, les passages où revient si souvent la crainte de la famine et l'exposé de toutes les mesures que s'efforce de prendre son mari, alors Préfet de la Haute-Garonne, pour essayer de l'éviter. Et l'on était alors en pleine Restauration : il y a à peine un siècle !

N'aurait-il fait que supprimer la possibilité de l'horreur qu'est la famine, ce serait déjà une preuve de supériorité de quelqu'importance pour le régime actuel.

On récoltait, disait-on, sur la ferme, tous les produits nécessaires à l'existence de la famille ; à quel prix revenaient donc certains de ceux-ci lorsque les conditions de climat ou de terrain ne leur étaient pas favorables ? Mais a-t-on jamais pris la peine d'évaluer leur véritable prix de revient ? Il semblait que ce fut peine inutile de chercher à s'en rendre compte, puisque « c'était récolté sur la ferme » et que l'on n'avait rien à débourser.

Et cependant quel renchérissement de toutes choses et quelle diminution du bien-être universel résultait forcément de cet acharnement à vouloir produire partout, à n'importe quel prix, ce qui, dans une région spéciale de France, pouvait être obtenu meilleur, et à des conditions dix fois moins onéreuses !

La vérité est que, dans cette ancienne ferme où l'on devait tout obtenir sur la propriété, et où, dit-on, régnait une parfaite aisance, le plus grand nombre des produits indispensables à l'existence étaient moins bons et revenaient plus cher.

Comment comprendre qu'une telle hérésie ait pu être admise comme une vérité jusqu'à une époque aussi rapprochée de nous, et ceci, dans le pays de Turgot et de Bastiat ?

Ce qui reste vrai, c'est que, pour quelques produits de son exploitation, le paysan garde toujours une certaine indépendance au point de vue économique, dans la mesure où il en est le propre consommateur, n'étant pas atteint par la hausse qui peut les frapper.

Serait-il possible, pour le surplus, d'admettre que la division du travail considérée, depuis si longtemps comme un progrès important en industrie, n'en soit pas un en agriculture ?

*
* *

Dans une société en continuelle évolution, l'agriculture ne pouvait seule rester immobile, ou progressant à peine, et l'on est bien obligé de convenir que les étapes ont été un peu longues à franchir.

Nous ne savons pas combien de temps a duré celle pendant laquelle l'être humain se bornait à consommer les produits de la nature, sans aider en rien à leur croissance et où il avait besoin de pouvoir parcourir en maître une énorme étendue pour arriver à subvenir à ses besoins.

Quand l'homme a eu l'idée de planter un grain et l'a vu fructifier, l'agriculture était fondée.

Cette période primitive, pendant laquelle le cultivateur restait sous la dépendance absolue des deux facteurs dominants dont il ne peut encore s'affranchir que partiellement :

le climat et le sol a aussi été d'une durée qu'il est difficile d'évaluer.

Puis l'on réalisa quelque progrès quant au labourage : l'eau fut mieux utilisée quand elle était à proximité ; les semences furent légèrement améliorées ; l'importance du fumier commença à être comprise.

Les choses allèrent ainsi sans changements bien importants, sauf dans quelques parties de la France, jusqu'à une époque relativement rapprochée de nous.

C'est seulement vers le milieu du XVIII⁰ siècle que, sous l'impulsion d'hommes de science qui (à cette époque ou tant de vérités devaient encore être découvertes) étaient de véritables savants ayant tourné leurs regards vers la terre, des modifications commencèrent à être introduites très lentement dans les procédés agricoles. Cela ne dura que pendant une courte période.

Puis on commença à sommeiller et le réveil ne date vraiment que de la dernière partie du XIX⁰ siècle, et particulièrement du moment où des hommes comme MM. Jules Méline, Tisserand, Eugène Risler, Teisserenc de Bort, etc.., prirent passionnément en main les intérêts de l'agriculture française.

Jamais on n'aura une trop grande reconnaissance envers celui qu'on a si justement nommé « le père de l'agriculture » qui, après en avoir été le ministre, auprès du grand Jules Ferry, a voulu comme président du Conseil, rester ministre de l'Agriculture et a accepté de le redevenir pendant la guerre.

L'INDUSTRIALISATION

Grâce à ces bons serviteurs de la Patrie, on comprit nettement que, sous peine de laisser la France dans une situation inférieure à celles des pays voisins, l'agriculture qui était l'élément essentiel de son activité devait *s'industrialiser*.

La lutte fut longue ; il ne fut pas aisé de faire pénétrer

dans certains esprits cette vérité qui heureusement, semble maintenant évidente à l'immense majorité : que *l'agriculture est une industrie.*

Pourquoi a-t-on si longtemps contesté ce qui était évident ? Pourquoi le conteste-t-on encore ?

Un des motifs, peut-être déterminant, est la malheureuse liaison que, depuis si longtemps, on s'est efforcé d'établir entre la politique et l'agriculture.

Les partis politiques qui détenaient le pouvoir ont pris, les uns après les autres, l'habitude d'examiner et de chercher à résoudre les questions touchant à l'agriculture, non pas uniquement dans le sens de ce qui était bon, utile, juste et devait lui être favorable, mais en fonction de ce qu'ils considéraient comme leur intérêt politique ; et, depuis l'établissement du suffrage universel, électoral.

De là, sous l'Ancien Régime, le maintien du peuple, mais surtout des masses agricoles, dans l'ignorance et dans le culte de la routine ; plus tard, dans la croyance à la toute puissance de l'Etat et à une source miraculeuse roulant inlassablement de l'or qu'elle dépose aux pieds des ministres et des députés. On s'est bien gardé de leur faire comprendre que l'unique source de cet or et des revenus publics est dans notre travail et dans nos habitudes d'économie ; les politiciens se sont au contraire efforcés de les faire croire à une manne électorale dont les élus sont les généreux dispensateurs.

On est arrivé à persuader chaque collectivité que c'est aux dépens de l'ensemble qu'elle obtient cette manne, tandis que toutes y puisent à leur tour. C'est alors tout simplement chaque ville ou chaque département qui paie le double du prix, un travail qu'il eût eu avantage à régler, à diriger et à surveiller lui-même. La dignité personnelle de chaque citoyen eût gagné à ne pas se plier à ce système de quémandage qui, si fâcheusement, tend à se généraliser.

Tel a été, croyons-nous, l'une des raisons essentielles de retard du progrès en agriculture.

Il était admis que la propriété, la Religion, la famille, bases de la société n'avaient pas de plus fermes appuis que les paysans tels qu'ils étaient à cette époque ; il fallait donc bien se garder de les aider, en quoi que ce soit, à modifier, même sur de tous autres points, leurs idées. Le passage d'un petit nombre d'entre eux dans l'armée, à l'époque où le remplacement était admis, apparaissait même à certains politiciens dirigeants comme regrettable.

Plus tard, on s'efforça surtout de capter le suffrage des agriculteurs.

Pour ne parler que de ce qu'il nous a été donné de voir, nous ne craignons pas d'affirmer que les comices agricoles, sous Napoléon III, avaient été organisés et fonctionnaient comme des instruments politiques et non point en vue de stimuler les progrès de l'agriculture.

On y promenait le député ou le candidat officiel, on distribuait des récompenses aux bien pensants ; on abreuvait l'auditoire de flatteries ; les préoccupations d'améliorations agricoles sérieuses ne venaient qu'après tout cela, et pour une faible part.

*
* *

C'est vraiment sous la troisième République que, malgré quelques fautes, on a commencé dans certains milieux, à s'occuper de l'agriculture pour elle-même et qu'on a cherché à faciliter ses progrès.

Dans quel sens fallait-il agir ?

Puisqu'on admettait enfin que l'agriculture était une industrie, les modes de gestion depuis longtemps consacrés dans les entreprises industrielles allaient s'imposer pour la direction de toute exploitation agricole.

Il fallait que, dorénavant, l'administration d'une ferme ressemblât à celle d'un établissement industriel, et, en particulier que la comptabilité, jusque là, et encore si souvent inexistante, sans laquelle il est cependant impossible de se rendre compte de quoi que ce soit, fût dans chaque exploitation, ponctuellement tenue. Devaient y figurer : le compte « Capital » pour lequel s'imposent en agriculture deux divisions : « Matériel et Cheptel ».

Au compte « Matériel » doit être inscrite la valeur des machines, instruments, voitures, harnais, etc... etc... appartenant à l'exploitant. Un amortissement doit être perçu sur le montant de ce compte, en sus d'un intérêt calculé au taux normal ; il nous semble qu'une période de dix ans ne devrait pas être sensiblement dépassée comme c'est l'usage à peu près général en industrie.

Ce n'est qu'après ces déductions, et celles qui vont être indiquées plus loin, qu'un bénéfice réel peut apparaître.

Le « Cheptel » n'est autre chose que le matériel animal vivant, aussi indispensable que l'autre, pour l'exploitation de la ferme. Ici aussi, un intérêt doit être perçu sur les prix d'estimation des animaux, avant toute évaluation de bénéfices. Il est en outre indispensable qu'une assurance soit contractée ou remplacée par une réserve spéciale.

L'établissement d'un compte « Engrais » nous paraît aussi s'imposer ; il serait, en industrie, un des éléments de celui qu'on appelle « Marchandises de frais généraux » c'est-à-dire marchandises indispensables à la marche de l'établissement industriel.

L'engrais n'est qu'une avance faite à la terre, comme ces marchandises de frais généraux nécessaires pour la confection ou la transformation des produits, sont, en industrie, une avance faite à l'usine, aux machines qui vont les employer ; le coût de l'un et de l'autre sera recouvré sur le prix de vente des marchandises au moment de la livraison à la consommation.

Nous arrivons au compte « Frais généraux » qui devra comprendre tout d'abord le loyer à la charge de l'exploitant si l'immeuble est affermé ; ou une somme qui représente, si le propriétaire fait valoir lui-même, l'intérêt du capital employé à l'achat de l'immeuble.

Immédiatement après doit figurer, au même compte, le montant des appointements payés à tout le personnel attaché à l'exploitation ou supplémentaire ; le coût de la nourriture de ce personnel ; puis le prix des drogues, du charbon, de l'huile et de la graisse, les frais de vétérinaire, les impôts, les primes d'assurances mutuelles contre tous les fléaux, etc...

.[.].

Nous voici bien loin du mode d'exploitation usité dans ce qu'on était convenu d'appeler « le bon vieux temps », où si souvent la comptabilité n'existait même pas, et où l'on ne faisait pas davantage d'inventaire.

De temps en temps, non pas à date fixe, mais lorsqu'une grosse dépense était décidée, l'acquisition d'un lopin de terre, ou une constitution de dot pour un enfant, on renversait le bas de laine dont on connaissait d'ailleurs assez approximativement le contenu, et l'on comptait.

Ce serait, au surplus, un tort de croire qu'on a partout renoncé à ces usages.

Les titres des différents comptes que nous venons d'énumérer vont presque pouvoir nous guider tout naturellement pour l'ordre dans lequel nous voudrions chercher très brièvement les progrès réalisés depuis 60 ans dans chacune des branches de l'activité agricole et qui, peu à peu, ont conduit à l'industrialisation. Il nous restera à examiner ce qui a été obtenu dans une direction qui domine toutes les autres : l'enseignement agricole, aussi bien au point de vue théorique que pratique.

Du moment où l'on reconnaît que l'agriculture est une industrie, les mêmes principes les régissent toutes deux ; or il est enfin admis aujourd'hui que : la première pièce dont la construction s'impose dans tout établissement industriel est le « laboratoire », résultat, et aussi moyen essentiel d'enseignement.

Pour cette raison, une première association s'impose absolument à l'agriculteur, s'il ne veut pas travailler en aveugle. Chaque cultivateur ne peut pas avoir son laboratoire, mais il doit participer à des associations lui permettant de profiter en commun de cet avantage essentiel.

Nous parlerons ensuite des institutions de solidarité morale et matérielle, tout aussi indispensables en agriculture qu'en industrie.

Reprenons notre premier chapitre : le capital. Indispensable en agriculture comme en industrie, il est encore loin d'y être aussi important qu'il serait nécessaire ; mais il était, sous l'Ancien Régime absolument insuffisant, il y a donc lieu de reconnaître que, sous ce rapport, un réel progrès a été réalisé.

Comment, d'ailleurs, se serait-il constitué, alors que les bénéfices étaient tellement réduits, et que l'agriculture n'étant pas considérée comme une industrie, si peu de gens pouvaient songer à y engager des capitaux autrement que comme placement immobilier ? Seuls les capitalistes très riches achetaient un peu de terre, parce qu'ils considéraient ce mode de placement comme le plus sûr qu'ils pussent trouver, et qu'il était admis que, dans toute fortune bien gérée, les immeubles devaient figurer pour une part. « Cela ne peut pas s'envoler » disait-on, et l'on ne demandait aux capitaux ainsi employés qu'un faible intérêt variant en général entre 2 et 3 %, se considérant comme absolument assuré de le toucher.

Les acheteurs de biens ruraux s'intéressaient, en général, fort peu à l'agriculture ; ils ne cherchaient pas à connaître les conditions de la vie de leurs tenanciers, et celles de l'exploitation du domaine.

Toutefois ceux qui aimaient la chasse allaient quelquefois, en hiver à la ferme et y déjeunaient. Le fermier quoiqu'invité, arrivait bien, au cours du repas, à présenter ses doléances, et le propriétaire revenait rarement sans avoir été obligé de promettre quelques réparations, tout en restant parfaitement étranger à la vie de ses locataires et encore plus de ceux qu'ils employaient.

On estimait que, dans toute fortune bien gérée, devaient figurer pour une moitié, ou pour un tiers au moins, des placements en terre ; le notaire de la famille se chargeait de l'opération et plus d'un propriétaire citadin n'avait même jamais visité l'immeuble rural qu'il avait acquis.

Cette situation s'est très sensiblement modifiée vers la fin du siècle dernier.

Par suite du développement considérable qu'a pris l'élevage ; par suite de l'emploi des engrais chimiques qui rendent la culture tellement plus intéressante ; par suite de la mise en service de machines de plus en plus ingénieuses ; par suite de l'augmentation du nombre des écoles d'agriculture, et de la création de l'Institut Agronomique, un certain nombre de jeunes gens appartenant à des familles aisées et quelques fois fortunées se sont adonnés à l'agriculture.

Faisant valoir leurs propres terres, ils y ont naturellement employé leurs capitaux, plus considérables que ceux des fermiers. Ceux-ci, et souvent les meilleurs parmi eux, sont presque toujours enclins à se charger d'exploitations de plus en plus importantes et fréquemment gênés, parce qu'ils prennent la charge de fermes de plus en plus grandes avec des capitaux insuffisants. Le montant du capital nécessaire dans une exploitation s'accroît naturellement en proportion de l'intensité de la culture.

*
* *

Pour augmenter le rendement, il faut des machines, et aussi des avances considérables à la terre sous forme d'engrais ; pour entretenir et élever un plus grand nombre d'animaux, lorsqu'on entre sur la ferme, un cheptel plus important est nécessaire. Tout cela exige un capital beaucoup plus élevé que celui qui était nécessaire autrefois pour une même exploitation.

Les années prospères qui, sauf quelques mauvaises périodes, se sont succédées après 1860, ont permis aux cultivateurs travailleurs et économes de réaliser des bénéfices importants qui les ont puissamment aidés à constituer les capitaux nécessaires au nouveau mode d'exploitation industrielle de la terre.

D'autre part, on a vu également, au cours de ces dernières années, des capitaux totalement étrangers jusqu'ici à l'agriculture, apportés sous forme de commandite ou de souscription d'actions dans diverses entreprises comme de grandes laiteries, fromageries, fabriques de beurre, distilleries, ou même d'élevage d'animaux spéciaux et d'autres exploitations agricoles dans les colonies.

*
* *

Il n'est pas douteux que, depuis 50 ans, le montant des capitaux employés en France dans l'agriculture s'est élevé considérablement ; les deux chiffres, si l'on pouvait les établir avec quelque exactitude, présenteraient une énorme différence.

Il serait intéressant également de connaître le montant des capitaux appartenant à des cultivateurs, mais placés par eux en dehors de leur industrie, souvent en obligations de chemins de fer ou en valeurs garanties par l'Etat. Quelquefois, hélas ! ils le furent aussi en emprunts étrangers offrant plus ou moins de sécurité, à moins que ce ne soit en titres du canal de Panama ou en actions de mines d'or, de celles qui ne valaient rien et qui avaient, pour ce motif, été réservées à notre marché, leur écoulement étant assuré par certaines de nos institutions de crédit.

La plupart de nos grandes banques ont installé dans les bourgs importants situés dans les grands centres agricoles des succursales seulement ouvertes hebdomadairement le jour du marché. On peut regretter vivement que cette initiative n'ait pas été prise par nos vieilles banques locales dont les chefs étaient connus par les paysans, et qui, eux-mêmes savaient quel crédit pouvait être accordé aux uns et aux autres, et quels égards étaient dus à tels ou tels.

Ces maisons ayant des racines déjà anciennes dans la région et des administrateurs qui n'étaient pas des agents et des employés migrateurs, mais des hommes avec lesquels on était en rapports constants, pouvaient, plus difficilement, proposer à leurs clients, gens de revue, des placements douteux.

Espérons que celles des anciennes banques locales qui ont heureusement survécu, et celles qu'ont nouvellement fondées entre eux les industriels et commerçants de diverses régions s'efforceront de venir installer des succursales à côté des autres qu'on trouve partout, et que les paysans comprendront l'intérêt qu'ils ont à s'adresser à celles-là, sans se laisser séduire par les légers avantages, souvent temporaires, offerts à côté.

Certains écrivains ont indiqué comme l'un des changements attristants survenus dans la mentalité du paysan français, les rapports qu'il entretient maintenant avec les banquiers. « Jadis, ont-ils dit, jamais on n'eut vu un paysan se rendre dans une banque. Lorsqu'il ouvrait son bas de laine, c'était toujours pour payer le prix d'un nouveau lopin de terre, acheté par lui ou pour un de ses enfants. »

Si le but cherché est la hausse constante du prix de la terre, — ce qué nous ne considérons pas, pour notre part, comme désirable, — nous comprenons la préoccupation de ces auteurs ; mais nous ne pouvons pas nous associer à leur manière de voir. Nous ne pouvons même pas reconnaître dans ce fait l'indication d'un sentiment de désaffection pour la terre : Un industriel emploie-t-il tous ses gains à l'agrandissement de ses usines ? S'il en était ainsi, certaines d'entre elles auraient atteint des dimensions colossales. Ils auraient, en outre, été obligés d'y river tous leurs enfants, ne disposant d'aucun capital pour les aider, si ceux-ci se sentaient plus d'aptitudes pour d'autres entreprises.

Un agriculteur n'est-il pas, comme un industriel, exposé à de mauvaises années ? N'est-il pas précieux, pour lui, d'avoir à sa disposition, quelques valeurs sûres et facilement réalisables ? N'est-ce pas préférable au système adopté par un si grand nombre de paysans qui, le jour où ils ont compris l'erreur que comportait le bas de laine improductif, ont été en masse porter leurs économies au chef-lieu de canton, entre les mains d'hommes qui n'avaient pas le droit de les recevoir, dont quelques uns leur servaient d'assez gros intérêts, jusqu'au jour où, en dépit de leur caractère semi-officiel, ils levaient le pied à la grande surprise de leurs clients.

On accuse les banques de s'être rapprochées des cultivateurs dans le but de drainer leurs épargnes en faveur d'investissements offrant peu de sécurité. Sans doute, cela s'est produit quelquefois ; mais, d'autre part, les cultivateurs par suite de l'amélioration même de leur situation, seront obligés d'apprendre, comme tous les capitalistes petits et grands, à connaître un peu les diverses valeurs de placement qui sont à leur disposition et à choisir entre elles avec discernement.

Quand il achète un cheval ou une vache, l'agriculteur ne se fie pas à son vendeur ; il examine l'animal sur toutes ses faces ; pourquoi aurait-il une absolue confiance dans l'employé placé derrière un guichet, dont le métier consiste à vendre des valeurs tout comme l'éleveur ou le marchand de bestiaux vend ses animaux ? Si un animal lui est offert à un prix sensiblement inférieur au cours normal, il cherche où est la tare ; comment ne pense-t-il pas de même que toute valeur qui rapporte de gros intérêts a aussi quelque tare ?

C'est étonnant, du reste, d'avoir à constater qu'assez souvent, des gens par profession particulièrement prudents dans tous les actes de leur existence, se montrent tout à coup aventureux, de même qu'étant généralement méfiants, si, par hasard, ils accordent une confiance absolue, c'est souvent à quelqu'un qui n'en est pas digne.

Quoiqu'il en soit, le fait qui se dégage d'une manière certaine, c'est que le capital dont disposent les agriculteurs et qui est un des éléments essentiels de la production agricole s'est accru dans des proportions très considérables, mais que dans l'ensemble, il est encore insuffisant.

C'est pour remédier à cette insuffisance que M. Jules Méline a fondé le Crédit agricole.

Le premier en France, il a eu l'idée de lui donner comme base la Mutualité. Grâce à cela, il a pleinement réussi, dans cette entreprise essentielle pour l'avenir de notre agriculture, tandis que tous ceux qui s'y étaient appliqués avant lui, avaient absolument échoué.

LE CHEPTEL

C'est grâce à cette augmentation du capital et des ressources agricoles que le cultivateur a pu faire face, non seulement à l'achat d'un nombre de machines de plus en plus important, mais aussi d'engrais dont l'emploi, quelqu'insuffisant qu'il soit encore, est cependant maintenant considéré par lui comme indispensable. Ce n'est pas seulement par suite du développement de l'exportation que le nombre des animaux de la ferme a pu être si largement augmenté au cours du dernier demi-siècle, c'est aussi parce que l'agriculture française s'est trouvée en face d'une demande de viande pour la consommation intérieure, sans cesse grandissante.

Par suite de l'accroissement de la prospérité générale, de l'augmentation des salaires des ouvriers de l'industrie, et aussi, par suite de l'intervention des médecins qui, pendant la seconde moitié du XIXᵉ siècle n'ont cessé de préconiser la viande saignante, le bon vin, le fer et le quinquina, un effort énorme en vue d'une plus grande consommation de viande a été réalisé dans le monde des travailleurs. Voyant ce mode d'alimentation de plus en plus apprécié dans les milieux aisés, les travailleurs ont, comme d'ordinaire, voulu suivre cet exemple.

Les travaux présentés plus tard à l'Académie de Médecine par le Professeur LANDOUZY sur la valeur nutritive des divers aliments n'avaient pas encore été publiés ; ils prouvent que, peut-être une partie des sommes consacrées à la conquête de cette alimentation carnée aurait pu être, pour une part, plus favorablement employée.

Toujours est-il que, pour faire face à la demande toujours croissante, il a fallu que le cheptel national soit considérablement accru.

Il est utile de faire remarquer que la demande eût encore augmenté, si nos éleveurs, au lieu de s'allier aux chevillards et aux bouchers pour lutter contre les applications du froid à la conservation et au transport des viandes, avaient compris qu'un développement encore plus grand de la consommation leur apporterait de bien autres bénéfices que leurs efforts en vue du maintien de prix exagérés.

Tout en accroissant leurs gains, ils eussent permis à un plus grand nombre de leurs concitoyens d'augmenter leur ration de viande qui se serait rapprochée de celle des travailleurs anglais.

C'est justement peu de temps après 1860 que le grand inventeur Tellier a fait connaître sa belle découverte qui, appliquée à plusieurs produits agricoles, eût encore accentué l'essor de notre agriculture.

Combien de denrées ont été perdues et se perdent encore chaque jour, faute de moyens de les conserver, et qui eussent augmenté le bien-être de familles peu fortunées, si les chambres de réfrigération avaient été multipliées dans notre pays !

De quelle utilité serait en France l'enseignement des notions essentielles de l'Économie politique ! Nos concitoyens arriveraient alors à admettre que le plus grand avantage qui puisse advenir à une industrie, est de voir augmenter constamment le champ de consommation de ses produits et de pouvoir, par des perfectionnements techniques, abaisser leur prix de revient et aussi leur prix de vente.

Le tissage mécanique a permis de diminuer le prix des tissus fabriqués jadis à la main ; les tisseurs ont-ils vu leurs salaires s'abaisser ? Tout au contraire. Il y aura toujours des fluctuations. La fixité qui paraît l'idéal de tant de nos concitoyens n'est pas la loi de ce monde ; cette loi, c'est le progrès.

Quoique dans des proportions moindres qu'il n'eût été possible, notre cheptel a beaucoup augmenté et comme quantité et comme valeur intrinsèque, ce qui n'eût pu se produire si, depuis 50 ans, le capital consacré à l'agriculture dans notre pays ne s'était pas largement accru.

DÉVELOPPEMENT DE L'OUTILLAGE

Dans quelle proportion a été augmenté le matériel maintenant nécessaire à nos cultivateurs, pour la mise en œuvre de leurs exploitations ?

Un des hommes les plus particulièrement autorisés, M. RINGELMANN estime « qu'il faudrait encore dix fois plus de machines que nous n'en avons » ; et personne ne se permettra de contester son appréciation.

Ici, cependant, nous voudrions faire ressortir combien, surtout depuis 30 ans, le progrès est réel, car on peut estimer que, pendant cette période le nombre de machines permettant de réaliser mécaniquement les opérations jadis faites à la main a plus que doublé.

D'autre part, des machines dont l'emploi datait de temps déjà lointains, ont été perfectionnées, quelques-unes absolument transformées en vue d'une production de beaucoup supérieure. Quelle comparaison peut-on établir entre la charrue de l'Arabe, péniblement tirée par sa femme et son âne, écorchant à peine la terre pour y tracer un maigre sillon, et la magnifique charrue Brabant qui, traînée par un tracteur à essence, défonce le sol jusqu'à 0,50 c. de profondeur et plus ?

De la houe primitive à la charrue Brabant ; des bras de l'homme au tracteur mécanique, après avoir passé par le travail des bœufs et des chevaux, quelle transformation !

Et ces tracteurs mécaniques ne sont pas seulement aptes à traîner la charrue et à exécuter d'autres travaux des champs ; attelés aux tombereaux et à toutes les voitures agricoles, ils sont aptes à assurer complètement les transports de la ferme.

De plus en plus, le « geste auguste du semeur » si souvent évoqué par nos poètes, et si noblement symbolisé par notre grand ROTY sur nos pièces de monnaie, est remplacé par le travail du semoir mécanique qui, avec beaucoup moins de semence (mais beaucoup plus également répartie) assure une récolte sensiblement supérieure tout en exigeant une main-d'œuvre moins importante.

On estime à plus de 100.000 le nombre de ces machines actuellement en service alors que, d'après les statistiques, il y en avait à peine une dizaine de mille au moment de la conclusion du traité de commerce.

La herse n'a pas subi de profondes modifications ; mais d'autres instruments sont venus compléter son travail. Il en a été tout autrement pour la houe, et le nombre de ces outils nouveaux employés par nos cultivateurs a beaucoup plus que décuplé depuis l'époque que nous avons adoptée comme point de comparaison.

Le geste du faucheur n'a pas trouvé auprès du poète, la même faveur que celui du semeur, bien qu'il soit également fort beau. Toujours est-il que, lui aussi a été largement remplacé par l'action de la faucheuse mécanique qui, avec ses deux lames de dents formant ciseaux, permet à un seul homme et à un seul cheval d'abattre, du matin au soir les épis dorés sur une superficie de plus de 3 hectares, et les légumineuses sur près de 5 hectares.

Nous arrivons aux machines beaucoup plus coûteuses ; la moissonneuse et la moissonneuse lieuse. Comment ne pas être rempli d'admiration lorsque se rappelant les rangs de faucheurs suivis de femmes qui ramassaient derrière eux les épis et les mettaient en gerbes puis en javelles, on voit aujourd'hui une de ces magnifiques moissonneuses lieuses traînée par un ou deux chevaux, abattant méthodiquement les épis, et laissant derrière elle la gerbe parfaitement bien faite, toujours égale à sa voisine, toute attachée, et prête à mettre en javelle, afin de sécher complètement avant d'être rentrée dans le grenier.

Une machine capable d'un travail aussi ingénieux est forcément d'un prix élevé, ce qui n'empêche pas qu'il y en ait dès maintenant en France plus de 50.000, chiffre d'ailleurs encore insuffisant.

L'usage de la faneuse et du râteau mécanique tend également à se généraliser, et le nombre actuellement en service dépasse plus de vingt fois celui de 1860.

Le battage du blé au fléau, si nuisible à tous égards, est devenu heureusement fort rare. Des machines à battre mues par des locomobiles circulent dans nos campagnes et des cultivateurs n'exploitant que de très petites superficies de terre viennent apporter leurs gerbes au passage et remporter la paille et le grain.

Les fermes importantes ont souvent leur propre machine à battre, généralement mue par tracteur animal. En somme, on estime que le nombre des batteuses a presque triplé depuis près de 60 ans. Encore y a-t-il lieu de tenir compte de l'augmentation de production obtenue par le perfectionnement des machines.

A tout cela nous aurions eu à ajouter, dès maintenant, si la guerre n'avait pas éclaté, un certain nombre de tracteurs automobiles. Les maîtres en science et en technique agricole déclarent que ces machines, dont quelques modèles ont figuré en 1916 à l'Exposition de la « Cité reconstituée », sont au point.

Aux Etats-Unis, il y avait, en 1914, 14.000 de ces tracteurs ; en 1916, ce nombre s'élevait à 50.000 et dépasserait certainement 100.000 actuellement, si les nécessités de la guerre n'avaient pas obligé les usines à modifier leur fabrication.

L'énorme augmentation des matières premières servant à leur construction, la raréfaction et la hausse inouïe du fret qu'on réclame pour les apporter des États-Unis, les maintiennent à un prix extrêmement élevé, mais qui s'abaissera assez vite après la guerre. Notre Gouvernement en a fait venir quelques uns afin de cultiver rapidement les territoires repris à l'ennemi dans le Nord, et de suppléer au manque de bras dans les autres régions de la France. Partout on s'est loué des résultats obtenus.

A côté des machines dont nous venons de parler, il y a lieu de ne pas passer sous silence les petits appareils.

La manutention du lait a été transformée par l'introduction des barates fonctionnant mécaniquement. On ne voit plus la fermière devant sa porte, remuant quelques fois pendant des heures, de haut en bas, dans son vase rempli de crème, son bâton muni d'une rondelle et se désespérant parce que « son beurre ne prenait pas ». Aujourd'hui c'est fait en un tour de main.

Le lavage du beurre qu'on pétrissait à la main sous un jet d'eau se fait sur un plateau tournant muni d'un tronc de cône cannelé. Nous oublions de dire que le lait, après la traite, est immédiatement traité dans des écrémeuses mécaniques, afin de séparer la crème du petit lait. Tout se fait donc mécaniquement à la laiterie.

Pour la nourriture des animaux, les carottes, les betteraves sont coupées avec des coupe-racines marchant mécaniquement.

A l'écurie, l'avoine, le maïs ou l'orge sont concassés au moyen de petits moulins ou broyeurs mécaniques. Beaucoup de cultivateurs estiment même qu'ils ont intérêt à hacher dans des haches-pailles mus aussi mécaniquement, la paille et le foin destinés à parfaire la ration alimentaire de leurs animaux.

Les pompes destinées à monter l'eau dans les réservoirs pour les besoins de l'exploitation, de même que les pompes à purin ont été perfectionnées ; elles aussi peuvent être mues mécaniquement.

Pour la fabrication du vin et pour celle du cidre, on se sert aussi maintenant, pour certaines des opérations, d'appareils fonctionnant mécaniquement.

D'après tout cela on peut se rendre compte du grand progrès qu'on est en train de réaliser et qui peut l'être assez aisément avant très longtemps, c'est la suppression, non seulement de la force humaine, mais aussi de celle des animaux, pour actionner le plus grand nombre des machines agricoles petites ou grandes.

Dans l'industrie, l'homme n'est plus guère qu'un surveillant de machines, il peut le devenir dans une proportion de plus en plus large en agriculture, surtout grâce à l'électricité et aux moteurs à essence.

On sera alors en face de cette situation curieuse : par suite des retards apportés dans l'évolution de l'esprit professionnel, le passage de la force animée à la vapeur aura été à peu près inexistant. cette période de la vapeur, non encore terminée en industrie, et qui a rempli tout un siècle, aura été à peu près supprimée pour l'agriculture, qui sera arrivée d'un bond à l'électricité.

Pour mettre celle-ci à la disposition des agriculteurs, il faut absolument que les immenses forces naturelles que nous avons trop largement et trop longtemps laissées sans emploi soient utilisées.

A la suite d'études entreprises pendant la guerre, la France a été divisée en un certain nombre de secteurs.

Les forces captées dans ceux-ci seront transmises à des stations centrales, d'où, après passage dans des sous-stations munies de transformateurs, elles seront distribuées dans les conditions reconnues les meilleures aux exploitations. Alors comme dans une usine, chaque machine de la ferme pourra être mue par l'électricité.

En outre, la lumière pourra être économiquement et largement distribuée ; et les dangers d'incendie dans les écuries, dans les étables, etc... etc... seront considérablement diminués.

Un autre avantage inappréciable est d'avoir dans toutes les pièces de la ferme, un joyeux éclairage. Un progrès considérable dans ce sens avait déjà été réalisé, grâce à l'emploi du pétrole qui s'était généralisé à la campagne.

Quelle différence entre ces cuisines de ferme au plafond desquelles pend une lampe à pétrole munie d'un large abat-jour en faïence blanche qui porte gaiement la lumière dans toutes les parties de la pièce, et ces mêmes appartements lorsque, pour tout éclairage, on ne disposait que d'une chandelle ! La fermière, à chacun de ses déplacements, et en particulier chaque fois qu'elle allait ouvrir la porte, était obligée de la transporter à la main. On est maintenant tellement habitué à ce bien-être qu'on ne songe plus à se réjouir de cette importante augmentation de confort ; et cependant, elle fut considérable. Combien ce sera plus commode encore lorsqu'il suffira de tourner un bouton dans chaque pièce pour avoir la lumière ou pour mettre en mouvement une machine !

En présence de toutes ces transformations, n'est-on pas en droit de dire qu'une véritable révolution s'est opérée en agriculture au point de vue de l'emploi des machines et de l'augmentation du matériel agricole ?

LES ENGRAIS

S'il est essentiel de perfectionner constamment les machines destinées à préparer la terre et à récolter ses produits, c'est évidemment dans le but d'augmenter la quantité et la qualité de ceux-ci ; un autre moyen de tirer du sol des récoltes toujours plus importantes doit être conjointement employé ; il consiste à lui en avancer les éléments.

Le cultivateur primitif a commencé par planter des grains puis, sans doute s'est-il aperçu que là où certains détritus avaient été jetés quelque temps auparavant, les plantes étaient plus belles et plus chargées de fruits. Il fut ainsi amené à l'emploi du fumier.

Les grands agronomes qui ont été une des gloires de la France : les LAVOISIER, les MATHIEU DE DOMBASLE, les BOUSSINGAULT, les DUCHARTRE, les BAUDEMONT, les BECQUEREL, les Georges VILLE, les DEHERAIN, les CORNU, les Eugène RISLER, les SCHLŒSING, les MÜNTZ, etc... etc... qui furent les initiateurs de la chimie agricole confirmèrent par leurs travaux scientifiques les données primitivement fournies par l'empirisme, et qui n'étaient plus discutées, puis ouvrirent de nouveaux horizons.

Alors, sans que l'on prit les dispositions nécessaires pour utiliser le fumier à son entière valeur, ce qu'on n'a pas encore pu obtenir aujourd'hui de la majorité des cultivateurs (qui n'en tirent guère plus que le particulier n'emploie la chaleur du charbon qu'il brûle dans une cheminée ordinaire) tout le monde fut convaincu de l'importance des fumures.

Toutefois, les cultivateurs jusque vers 1860, ne considérant pas l'élevage du bétail comme un élément important de rapport, n'avaient que de faibles cheptels, et ne disposaient en conséquence que de quantités de fumier peu importantes.

Les propriétaires, tenant à la fertilité de leurs terres, inséraient, dans tous leurs baux, la défense expresse faite au fermier de vendre la moindre botte de paille, tout devant être transformé en fumier ; mais le cheptel étant très réduit, les animaux étaient admirablement lités, sans que le fumier arrive à contenir les éléments fertilisants essentiels.

La terre se fatiguait à rendre plus qu'on ne lui donnait ; et ce sol appauvri ne pouvait fournir que de maigres récoltes ; on avait alors imaginé de le laisser reposer ; tel était le système de la jachère si longtemps pratiqué en France. Chaque partie de terrain cultivé après avoir été ensemencée pendant trois années consécutives, était laissée en jachère au cours de la quatrième. On avait décidé que la terre se reposerait ; or, la terre ne suspend jamais son travail ; lorsqu'on ne lui fournit pas d'utiles semences, elle accueille celles qui lui sont apportées de toutes parts et leur fournit généreusement ce dont elle dispose. Il en résulte que, comme il est malheusement trop aisé de s'en rendre compte en parcourant les champs que la guerre déchaînée par l'infâme kaiser nous a obligés à laisser incultes, l'ivraie envahit tout et sa croissance épuise la terre.

Il en eût été autrement si, dans ces champs qu'on voulait laisser reposer, on avait semé des légumineuses pouvant y vivre plusieurs années ; tout en fournissant des récoltes, elles auraient enrichi la terre en azote. Puisé dans l'air, l'azote est transformé à l'aide de microbes spéciaux existant en quantité différente suivant les terrains, et absorbé dans cet état nouveau par des nodosités se formant sur les racines des légumineuses ; le surplus des produits azotés infiniment précieux reste dans le sol pour pourvoir à des besoins futurs.

Quoi qu'il en soit, c'est sous ce régime de la jachère, chaque ferme employant la petite quantité de fumier qu'elle produisait (dont la moitié de la valeur s'était évadée avant qu'il fût mis en terre) qu'a été exploité le sol français jusque vers la seconde moitié du XVIIIe siècle. A partir de cette époque, des travaux théoriques très intéressants dus aux grands initiateurs nommés plus haut, furent suivis d'essais pratiques qui donnèrent des résultats du plus haut intérêt. Malheureusement, les progrès réalisés furent peu connus ; faute d'enseignement et de publicité, ils ne furent pas diffusés ; leur généralisation si désirable ne se produisit pas ; et l'ensemble de nos cultivateurs continua à suivre les mêmes errements, jusque vers le milieu du XIXe siècle. Alors les hommes éclairés osèrent faire entendre leur voix et proclamer hautement que la terre n'était en somme qu'un merveilleux instrument offert aux hommes par la nature et prêt à leur rendre au centuple les avances qu'ils lui auraient apportées.

Les plus belles machines à imprimer ne peuvent fournir les superbes étoffes qu'elles sont appelées à confectionner, si elles ne sont pas constamment approvisionnées de tissus prêts à recevoir les dessins et les couleurs.

La terre est une admirable machine plus belle et mieux douée que tout ce qui est sorti de la main des hommes ; c'est une mère nourricière généreuse, mais non pas intarissable. Si l'on ne lui rend pas en partie les éléments des produits qu'elle prodigue dans les récoltes que nous lui demandons, elle ne peut indéfiniment nous fournir celles-ci en quantité et en qualité suffisantes.

Nous disions en commençant que les deux facteurs essentiels de la production agricole étaient le sol avec les modifications que lui font subir les engrais ; et le climat.

Comment agir en présence du sol ?

Il a fallu que la Chimie réalisât d'importants progrès, qu'elle sortît des langes de l'alchimie, avec les MATHIEU DE DOMBASLE, les LAVOISIER. etc... etc... pour qu'on s'avisât et qu'on trouvât les moyens d'analyser les éléments dont sont composées les céréales demandées à la terre.

On constata qu'ils étaient principalement au nombre de quatre : le phosphore, l'azote, la chaux et la potasse.

La marche à suivre se présentait alors d'une manière évidente : après avoir reconnu ce qui était nécessaire à la croissance des végétaux, une nouvelle analyse s'imposait ; celle du sol, seul moyen de savoir si celui-ci était suffisamment pourvu des éléments indispensables.

S'il était constaté que tel ou tel élément faisait défaut, il fallait, de toute nécessité, le fournir à la terre pour obtenir d'elle la récolte correspondante.

On sortait enfin nettement de l'empirisme pour s'établir solidement sur le terrain scientifique. Mais alors s'imposait l'étude de toute une branche nouvelle de la science : la chimie agricole.

Celui qui jetterait au pied d'une plante de l'acide azotique, de l'acide phosphorique, de la chaux ou de la potasse la brûlerait. Il s'agissait de trouver la dose à laquelle ces produits étaient bienfaisants et la forme sous laquelle ils étaient assimilables. Il n'était pas moins indispensable de chercher, dans la nature, des corps existants d'un prix de revient aussi modique que possible et contenant les éléments nécessaires, ou d'autres qui, à peu de frais, pourraient être transformés de manière à pouvoir fournir à la plante, sous la forme la plus aisément assimilable, ce dont elle avait besoin.

La veine n'est pas épuisée et il est probable qu'elle ne le sera jamais. Dans cette branche passionnément intéressante de la science qu'est la chimie agricole, les progrès sont constants ; chaque jour apporte la découverte de nouveaux produits et de nouveaux procédés.

On peut facilement se rendre compte de l'importance de la révolution provoquée en agriculture par la découverte progressive et la proclamation de ces principes, et la publication des résultats obtenus grâce à leur application.

Il restait une tâche plus aisée à accomplir : celle de les faire admettre dans un milieu qui n'a jamais passé pour passionné de changements ou de nouveautés.

L'enseignement agricole s'imposait.

Par la parole, il n'eut pas été suffisant ; il était essentiel qu'il fût également donné par l'exemple.

Dans nos diverses régions, en commençant par celles qui s'étaient toujours tenues à la tête du progrès industriel, les premiers essais furent tentés par les agriculteurs les plus intelligents et disposant en même temps de capitaux suffisants ; ils firent analyser leurs terres, puis on les vit y semer sous forme d'engrais préparés chimiquement les substances estimées nécessaires comme complément.

Les sceptiques, les décourageurs, les défaitistes avant la lettre — il s'en trouve toujours — hochaient la tête en passant devant ces champs. Plus d'un prédisait tout haut ; plus d'un autre souhaitait in petto quelque cataclysme venant punir l'audace de ce novateur, de ce révolutionnaire.

— Il brûlera sa terre, disait l'un.

— Son blé sera malsain ; c'est comme ça que viennent les maladies ; on ne devrait pas permettre ça, disait l'autre.

— Il est fou, ajoutait le troisième.

Puis les plantes croissaient, de beaux épis se formaient, plus serrés que dans les champs voisins ; devenus vermeils, on les fauchait ; le battage commençait et il fallait bien alors convenir que le rendement était supérieur.

— Oui, c'est bon pour cette année, mais ce n'est pas fini ; nous verrons ; attendons l'année prochaine.

Celle-ci se passe et les heureux rendements s'accentuent.

On attend encore, mais non sans chercher déjà à se renseigner ; puis, la troisième année, lorsque ces terres soi-disant brûlées, on a obtenu 30 hectolitres à l'hectare, alors que la moyenne récoltée dans les champs environnants était de 15 à 16 (j'en ai été témoin) les voisins viennent trouver « le fou » et lui demandent : « Mais m'sieu, qui-qu'vous mettez comme chà pour avè du si beau blè ? » Le cultivateur intelligent leur décrit son procédé ; ils le suivent et voilà toute une petite contrée conquise au progrès.

Après Lavoisier sont venus les Pasteur, les Chauveau et les Berthelot. Conjointement, les ingénieurs agricoles,

les hygiénistes, les physiciens s'occupant de météorologie, toujours passionnés par leurs recherches, se livraient également à d'importantes expériences, et l'on peut dire que des progrès véritablement admirables ont été scientifiquement réalisés.

La grande difficulté qui restait à vaincre était de vulgariser ces vérités nouvelles, de les présenter aux intéressés, de s'efforcer de les leur faire admettre et d'obtenir qu'ils les mettent en pratique.

Le rôle de l'enseignement commençait.

L'ENSEIGNEMENT

Tout était à créer : programmes, écoles, cours, champs d'expérience, instituts professionnels et pratiques.

Heureusement, dans notre France si riche en intelligences de premier ordre, les hommes éminents ne font jamais défaut pour n'importe quelle tâche. Il suffit de les chercher et d'avoir vraiment la volonté de mettre « The right man in the right place ».

Né en 1830, dans notre chère Alsace, à Phalsbourg, qu'il a la joie de revoir Français, M. Eugène TISSERAND suivit avec passion, dès leur origine, les transformations qui commençaient à se produire dans notre agriculture. Associé aux travaux de ceux qui en étaient les principaux promoteurs, il voulut, lui aussi, apporter sa pierre à l'édifice. Il eut la volonté de savoir ce qui s'était fait à l'étranger et ne craignit pas de s'expatrier pour pouvoir, après de longs séjours en Danemark et en Angleterre, apporter en France les précieux renseignements recueillis au cours de ses consciencieuses enquêtes. Dans chaque contrée, il s'était particulièrement consacré à l'étude des branches de l'activité agricole dans laquelle celle-ci excellait.

Ceci se passait pendant la dernière décade de l'Empire. Sous la République, M. Tisserand fut le premier directeur de l'Institut agronomique auquel le Gouvernement venait de rendre la vie. Devenu, peu après, directeur général de l'agriculture, il s'appliqua tout particulièrement à l'organisation de l'enseignement agricole dans notre pays.

Il sut trouver en Eugène Risler, son successeur immédiat à la tête de l'Institut agronomique, le plus précieux et le plus distingué des collaborateurs. L'Agriculture française a contracté envers ces deux grands et bons citoyens qui furent au premier rang des collaborateurs de M. Méline une dette imprescriptible.

Où en était-on, à cette époque, au point de vue de l'Enseignement ?

Les magnifiques travaux de LAVOISIER, sur son domaine de Fréchines, à la fin du XVIIIᵉ siècle, puis ceux de MATHIEU DE DOMBASLE dans la ferme de Roville près de Nancy avaient été accomplis spontanément, en dehors de toute école et de toute organisation pédagogique.

Ils furent suivis trop longtemps après par toute une pléïade de savants dont nous avons énuméré seulement les principaux ; de nouvelles branches de la science agricole furent créées et tout particulièrement par les travaux de notre immortel Pasteur.

Cependant, l'organisation de l'Enseignement agricole institué par la première République qui avait créé des chaires d'Economie rurale à l'école Polytechnique, à l'Ecole normale supérieure et dans les Ecoles d'arts et métiers, au moment même où elle les fondait, et par la Convention à laquelle furent dus l'enseignement démonstratif au Conservatoire des Arts et Métiers, et celui des sciences naturelles, avec démonstrations pratiques au Jardin des Plantes de Paris, ainsi que la création de la ferme expérimentale de Rambouillet, fut éphémère. Tout cela fut délaissé par le premier Empire et la Restauration. Ce qui fut fait pendant cette longue période fut dû à l'initiative privée des DOMBASLE, des BELLA, des RIEFFEL, des RIVIÈRE, et quelques-unes des bienfaisantes institutions créées par eux, sans aucun titre officiel leur survécurent et furent reprises plus tard par la seconde République ; d'autres avaient malheureusement disparu.

La République de 1848, renouant les traditions de son aînée, organisa vraiment l'enseignement agricole, et sur de larges bases. A la tête elle plaça un Institut agronomique, où professa une magnifique pléiade de savants et lui adjoignit tous les attributs nécessaires afin que chaque branche pût être utilement enseignée.

Elle fonda les écoles régionales, puis les fermes-écoles, etc.

En 1852, après le Coup d'État du futur Napoléon III, l'Institut agronomique fut supprimé pour le motif hautement proclamé : « que l'Agriculture n'avait pas besoin du concours de la science » ; tout le reste périclita, et ce n'est certes pas l'un des moindres méfaits du néfaste Gouvernement que fut le second Empire.

Il fallut attendre la troisième République pour que, dès la fin de la guerre, l'Agriculture devînt l'objet de la sollicitude du Gouvernement. Après les enquêtes instituées dès 1876, sous l'impulsion de M. Eugène TISSERAND, un nouvel Institut agronomique fut fondé, puis l'École d'horticulture de Versailles, enfin les écoles nationales, encore existantes, furent restaurées : de nouvelles furent créées, ainsi que les fermes-écoles, organe d'instruction si indispensable.

L'enseignement agricole fut rendu obligatoire dans les écoles normales et partout développé.

Nous consacrerons à cette belle œuvre de la troisième République et à ceux auxquels nous en sommes redevables un chapitre spécial.

On le voit : en matière d'enseignement agricole, c'est au cours des 40 dernières années que la grande impulsion a été donnée. Or, cet enseignement constitue le grand laboratoire de l'Agriculture. Grâce à lui, d'énormes progrès ont été réalisés ; d'autres le sont chaque jour ; ici encore c'est un élément essentiel de la production agricole qui a pris un très important développement en apportant de précieuses réalisations et en restant encore plein de promesses pour l'avenir.

Nous avons dit, en commençant, que l'agriculteur et l'horticulteur primitifs étaient sous la dépendance absolue de deux facteurs dominants : le climat et le sol.

Nous avons exposé brièvement ce qu'ils avaient fait pour se concilier le sol et pour arriver à en obtenir beaucoup plus que par le seul jeu des forces de la nature. Qu'ont-ils fait au point de vue du climat ?

Ils se sont efforcés de le modifier lorsque, pour le but poursuivi par eux, c'était indispensable et que cela leur était possible, par un meilleur emploi de l'eau ou en luttant contre le froid dans des forceries où le soleil est remplacé par la houille et où l'on obtient, en plein hiver, des légumes, des fruits, et des fleurs que la nature n'accorde normalement qu'à la belle saison.

Cependant, ces entreprises sont absolument limitées et l'agriculteur est resté désarmé devant la gelée, la grêle, la tempête. Ici, la science se reconnaissant à peu près impuissante, que faire ?

Il restait l'âme humaine, et les sentiments les plus élevés qu'elle inspire. Ceux-ci conduisent à l'esprit de solidarité, à la mutualité.

La solidarité peut s'appliquer à des buts moraux et à des buts matériels.

Nous examinerons d'abord les institutions agricoles appliquant les principes de solidarité à des fins matérielles ; nous verrons ensuite si un effort aussi important a été accompli vers des buts moraux au nom de la fraternité humaine. Celle-ci ne conduit-elle pas à la pratique de la plus noble solidarité, d'essence essentiellement chrétienne et que nous devons toujours avoir devant les yeux.

Lorsqu'il est impossible de supprimer un fléau, il reste toujours un moyen d'en diminuer le poids, c'est de s'unir pour en supporter les pénibles effets. En divisant les risques, en s'unissant à plusieurs pour partager la perte qui n'aura été infligée qu'à quelques-uns, l'épreuve matérielle devient plus aisément supportable.

Tel est le principe de l'Assurance mutuelle contre l'incendie, contre la grêle, contre la mortalité du bétail, contre la gelée et contre d'autres fléaux qui, constamment, menacent l'agriculteur, côté déconcertant de cette profession qui, autrement, serait la plus séduisante de toutes.

Après avoir beaucoup travaillé, les conditions climatériques ayant été favorables, la récolte s'annonce superbe. On est en juillet ; les moissonneurs sont commandés pour le lendemain, le cultivateur se couche content. Pendant la nuit, un orage éclate ; en quelques minutes, de gros grêlons hachent tout ce qui couvre la terre, et celui qui allait recevoir le prix légitime de son labeur, voit l'aube se lever sur ses espérances ruinées. C'est alors qu'entre en action la belle devise de la mutualité : « Un pour tous, tous pour un ». Pendant les années précédentes, notre agriculteur qui n'avait pas été affligé, avait payé sous forme de prime annuelle, une légère somme destinée à dédommager ceux de ses confrères qui avaient été éprouvés, ou à être rendue, sous forme de ristourne à chaque assuré, si personne n'avait été atteint ; à son tour, il va toucher une part importante du prix de la récolte qui lui a été ravie ; il ne sera pas ruiné.

Il en sera de même si une épidémie s'abat sur le bétail d'une région, d'une commune, ou d'une seule exploitation, lorsque les agriculteurs ont formé une assurance mutuelle, contre la mortalité du bétail, ou si la gelée a brûlé les bourgeons de certains vignobles.

D'après les statistiques communiquées par le Ministère avant la guerre, il y avait, en 1910 :

25 assurances mutuelles contre la grêle qui assuraient 44.677 cultivateurs, 8.428 assurances mutuelles contre la mortalité du bétail, qui réunissaient 438.216 adhérents, 58 caisses de réassurances auxquelles avaient adhéré 3.055 sociétés et 2.187 assurances mutuelles contre l'incendie avec 53.000 adhérents.

On remarquera combien ce dernier chiffre est faible.

Que serait-ce si nous pouvions donner le chiffre indiquant le nombre infime des cultivateurs ayant souscrit une assurance sur la vie ?

Gardons-nous cependant de tout découragement. Si nous avons le devoir pressant de contribuer de toutes nos forces à élargir les résultats absolument insuffisants obtenus jusqu'ici, nous pouvons estimer cependant que la brèche est faite ; le plus difficile était certainement d'arriver à faire accepter, même dans les conditions les plus modestes, l'idée de l'assurance, si bienfaisante et si moralisatrice, dans un milieu qui était profondément réfractaire.

De la mutualité qui constitue un moyen de lutte contre les maux, à la coopération qui permet d'assurer à un plus grand nombre, certains avantages dont ne disposaient que quelques-uns, il n'y a qu'un pas.

Nous avons mentionné l'importante augmentation du matériel mécanique maintenant employé en agriculture. Certaines de ces machines atteignent un prix élevé ; les petits propriétaires heureusement si nombreux dans notre pays, n'ont l'occasion de les utiliser que pendant un temps très court, et ne sont, en général, pas assez riches pour acquérir personnellement ces instruments si utiles, mais coûteux.

Ce que l'un, deux, trois, dix, trente, ne peuvent pas faire, la Société coopérative le fera.

Ce qui est impossible pour un petit cultivateur devient facile pour plusieurs. Beaucoup de petits cultivateurs unis disposent de ressources encore plus considérables que celles d'un gros propriétaire ou fermier. Ils se réunissent ; chacun apporte son obole ; on achète les machines nécessaires qui sont mises à tour de rôle à la disposition de chacun des associés, et tout se passe presque comme si ceux-ci possédaient un grand domaine muni de tous ses accessoires.

Chaque petit cultivateur ayant une ou deux vaches ne peut pas porter le lait à la ville voisine ; des sociétés coopératives de laiterie se sont formées qui achètent le lait de chacun, le vendent ou en font du beurre ou du fromage, et distribuent régulièrement au prorata des droits individuels, les bénéfices réalisés.

Les petits cultivateurs n'ont ni les connaissances ni les moyens nécessaires pour se rendre compte non seulement de la valeur des machines, mais de celle des engrais et des produits qu'ils emploient, non plus toujours que celle des semences. En outre, n'achetant que par petites quantités, ils paieraient forcément très cher. Ici, c'est un autre genre de coopérative, le Syndicat, qui intervient.

Formé par des cultivateurs qui ont constitué le capital nécessaire, et administré par un conseil nommé par eux, le Syndicat traite avec les fournisseurs des marchés importants ; il vérifie la qualité des marchandises, et le petit cultivateur qui en est l'adhérent peut s'adresser à lui pour obtenir les quantités minimes dont il a besoin ; il est sûr de la valeur de ce qu'il reçoit et profite des bas prix pratiqués pour les grosses affaires.

A la Coopérative ou au Syndicat, le modeste cultivateur parvient à se fournir dans des conditions aussi avantageuses que le gros fermier, de presque tout ce dont il a besoin, et même de beaucoup de denrées alimentaires.

C'est en pratiquant la solidarité, en mettant en œuvre le grand principe de l'association, que les difficiles problèmes qui se présentaient en agriculture, — surtout si l'on tient à ce que le morcellement de la propriété, la démocratisation de la terre, si largement réalisée en France, restent possibles — ont pu être résolus.

C'est par l'Association qu'on est parvenu à augmenter la production et à faciliter la vente, à fonder le crédit et à se prémunir contre les risques en agriculture ; et avouons-le, si l'on avait commencé, dans cette voie, par imiter l'industrie, on l'a, ensuite, sensiblement dépassée.

Et ce ne sont pas seulement des services économiques et matériels que la solidarité sous forme de coopératives, de syndicats, de mutualités et d'associations de toutes sortes a rendus à l'agriculture ; ce sont aussi des services moraux et sociaux.

Les Syndicats, par leurs opérations faites au grand jour, publiquement, et en toute loyauté, ont apporté dans les milieux agricoles des usages qui, jusqu'ici, n'y étaient pas toujours pratiqués.

Vis-à-vis des Syndicats, plus de tricherie, plus de finasserie, plus de méfiance injustifiée, plus de marchandages ; ici c'est à prendre ou à laisser.

Pourquoi le crédit n'existait-il pas en agriculture? Disons-le franchement, c'est, entr'autres raisons, parce qu'un des éléments impératifs du crédit était ignoré dans les milieux agricoles ; on n'avait jamais pu s'y soumettre au respect des échéances. Le terme de Pâques est payé à la Saint-Jean ou à la Saint-Michel, celui de la Saint-Jean à Noël. Or, il n'y a pas d'affaires possibles en Banque, si les échéances qui sont un des éléments essentiels de toute valeur commerciale ne sont pas scrupuleusement observées.

Le Syndicat apportait à ses adhérents de tels avantages qu'il a pu leur imposer le respect des échéances et les obliger à payer ponctuellement ses traites à la date fixée.

En outre, il a, dans les mêmes entreprises, en vue de fins communes, rapproché les importants et les modestes cultivateurs ; il a habitué les plus fortunés à gérer l'œuvre commune surtout en faveur des petits et des humbles ; on s'est rapproché, et l'on s'est en général, de part et d'autre, trouvé meilleur qu'on ne pensait.

Une élite s'est constituée dans ces coopératives et dans ces syndicats où l'on avait intérêt à confier la direction aux plus capables. Ceux-ci ont eu, par suite de leurs nouvelles fonctions, la possibilité d'élargir leur horizon, et de rendre à la collectivité des services toujours plus importants.

Une véritable pépinière d'administrateurs fort capables et désintéressés a pu ainsi se former, où des électeurs bien inspirés trouveraient des éléments excellents pour le recrutement de nos divers corps électifs. Grâce à toutes ces organisations, l'élément directeur, dans les milieux agricoles, est rationnellement fixé.

Il n'en est malheureusement pas ainsi dans beaucoup

d'autres et particulièrement en politique où l'incompétence
paraît trop souvent élevée à la hauteur d'un dogme.

Nul ne peut prétendre exercer une influence en agriculture
sans prendre part aux études et aux travaux des Syndicats, et
sans entendre les observations de ceux qui exercent réellement la profession.

A tort on considère généralement, surtout, le côté matériel
des Syndicats ; n'oublions pas qu'ils constituent aussi, sans
le moindre jeu de mots, de véritables centres de culture et
un sérieux élément de progrès même moral, surtout lorsque,
parmi les syndiqués se rencontrent quelques-uns de ces
hommes nombreux dans notre pays, qui sont imbus du sentiment du devoir moral et social.

La Coopération et la Mutualité sont toutes deux filles de
l'Association, et mon cher et regretté maître et ami Emile
Cheysson, qui était aussi agriculteur, avait raison d'écrire :
« Tout les rapproche ; elles s'adressent à la même clientèle :
une clientèle d'élite ; elles exigent de leurs adhérents les
mêmes aspirations, les mêmes énergies, les mêmes qualités,
je dirais presque les mêmes vertus. Il faut, pour les pratiquer
l'une et l'autre, de l'épargne, de l'ordre, de la prévoyance. Il
faut mener sa vie, au lieu de se laisser mener par elle. »

Un de nos agronomes les plus éminents, M. de Rocquigny,
notre collègue au grand Conseil, et ancien Secrétaire général
de la Section agricole du Musée social, estimait, lors des
dernières statistiques publiées, qu'il y avait en France environ 5.000 Syndicats réunissant 750.000 syndiqués environ,
sur 4 millions d'agriculteurs en situation de faire partie de
ces associations.

Si l'on veut bien se rappeler qu'un des tout premiers
Syndicats agricoles a été fondé à Rouen, en 1882, par M. For-
tier, plus tard Sénateur de la Seine-Inférieure, on est vraiment en droit de considérer ces résultats comme fort encourageants.

Si nous voulions mêler la politique à l'agriculture, nous
pourrions donner des chiffres beaucoup plus impressionants
et dire qu'il existe 40.000 associations de toute nature dites

« agricoles ». Le chiffre est exact, mais l'action « agricole » d'un bon nombre d'entre elles est moins certaine.

Dès 1900, les Syndicats agricoles atteignaient déjà un chiffre d'affaires s'élevant au moins à 200 millions, toujours d'après M. DE ROCQUIGNY auquel nous empruntons aussi les renseignements suivants :

Sur les 5.000 Syndicats, 2.600 s'occupaient de la production, de la transformation ou de la vente des produits agricoles, et, parmi ceux-ci :

1.800 se consacraient exclusivement à l'industrie fruitière, environ 50 caves coopératives existaient dans le Var et le Languedoc ;

20 sociétés coopératives vouées à la fabrication de l'huile avaient leur siège en Provence ;

500 coopératives de laiterie dont plusieurs avaient été fondées par le dévoué Sénateur M. ROUVIER avaient leur siège en Charente et en Poitou.

Il existait en outre 8 à 900 sociétés coopératives d'achat et de consommation pour la boulangerie, l'épicerie ; quelques-unes tenaient même des articles de bazar.

Les producteurs de pommes de terre avaient aussi fondé une quarantaine de sociétés coopératives fabriquant de la fécule, à peu près toutes situées dans les Vosges.

Tous ces chiffres indiquent un effort très considérable et une transformation complète en train de s'opérer dans ce qu'on peut nettement appeler maintenant « l'industrie agricole » de notre pays.

Les institutions de solidarité ont une place importante dans ce tableau, mais toutes celles que nous venons d'énumérer rentrent dans ce que nous avons appelé les œuvres de solidarité matérielle. Or, nous avons dit qu'il y avait deux catégories d'œuvres de solidarité ; et à côté de celles qui ont un but matériel, il y a aussi celles dont le but est moral.

De celles-ci combien en existe-t-il dans les milieux agricoles ? Sans doute, nombre de candidats ont fondé, dans beaucoup de petites communes, des Sociétés de secours mutuels qui, pendant les périodes électorales sont animées d'une vie intense, mais qui, ensuite, rentrent en sommeil et, jusqu'à la prochaine élection, oublient assez souvent de secourir leurs malades.

Constatons avec tristesse que, dans une énumération, M. DE ROCQUIGNY mentionnait l'existence de 7 sociétés seulement d'assurance contre les accidents du travail agricoles, réunissant 3.478 adhérents.

Une autre œuvre de solidarité a été fondée et fonctionne avec un absolu désintéressement ; nous tenons essentiellement à la mentionner : c'est le service des Améliorations agricoles, au Ministère de l'Agriculture. Il a à sa tête le très distingué M. DABAT, Directeur général, qui a su s'entourer de jeunes ingénieurs de haute valeur.

Ces fonctionnaires dévoués se mettent gratuitement au service des cultivateurs absorbés par la direction de leur exploitation ou ne disposant pas de tous les éléments nécessaires pour entreprendre sur leurs terres des travaux de drainage, de construction, de boisage, de remaniements, etc... de ceux qui veulent fonder des Coopératives, des propriétaires qui sont désireux d'opérer des remembrements, etc...

Ils dressent les plans, donnent de précieux conseils pour l'exécution des travaux, la surveillent, bref, rendent les services les plus signalés et les plus désintéressés à l'Agriculture française.

Dans ce rapide coup d'œil jeté sur les diverses branches, sur les principaux éléments de production de notre agriculture nationale, nous avons certainement commis bien des omissions involontaires dont nous nous excusons, mais la conclusion nous paraît cependant se dégager avec netteté. Au cours des 60 dernières années l'Agriculture française a subi une prodigieuse transformation ; le capital qui y est employé, les revenus, le matériel et les produits nécessaires à l'exploitation, le nombre des institutions de solidarité, tout s'est accru dans des proportions certainement considérables.

LE TRAVAILLEUR AGRICOLE

La situation du travailleur agricole s'est-elle modifiée dans des conditions sensiblement proportionnelles ?

Est-il content de son sort ?

Quelles sont ses aspirations ? Est-il possible de les satisfaire ? Comment ?

Ce sont des réponses à ces diverses questions que nous allons essayer d'apporter ici, et qui se dégageront des considérations contenues dans le reste de ce volume.

PREMIÈRE PARTIE

LA SITUATION
DU TRAVAILLEUR AGRICOLE

CHAPITRE I

IMPORTANCE RELATIVE
DES DIVERS MODES D'EXPLOITATION DU SOL.
LA DÉPOPULATION DES CAMPAGNES

Division du sol. — Modes d'exploitation du sol : faire-valoir direct ; grande, moyenne et petite propriété, fermage, métayage. — Exode rural : la dépopulation des campagnes et le travailleur agricole. — Petits propriétaires, métayers, ouvriers agricoles.

Les conditions de division du sol et l'importance relative des divers modes d'exploitation qui en dérivent d'une manière presqu'absolue, exercent une influence toute naturelle sur la situation du travailleur agricole. Suivant que celle-ci s'en trouve aggravée ou améliorée, l'exode des populations rurales s'accélère ou se ralentit. Une grande exploitation comporte aujourd'hui un nombre important de machines et cependant, à mesure que son matériel augmente, elle exige moins de travailleurs.

On pourrait, en présence de cette diminution d'emplois, redouter le chômage pour les travailleurs agricoles ; c'est jusqu'ici le contraire qui s'est produit et la dépopulation des campagnes a devancé l'industrialisation de l'agriculture.

DIVISION DU SOL

Comment notre sol est-il divisé au point de vue agricole ? Comment ses diverses parties sont-elles exploitées ? Quel retentissement ont cet état de division et ces modes d'exploitation sur la situation du travailleur agricole dans notre pays ?

S'il est possible d'opérer un recensement exact du

nombre et de la superficie des propriétés dont l'ensemble forme la terre de France, il est infiniment plus malaisé d'arriver à savoir combien de propriétaires y ont part. Le même possède plusieurs parcelles situées en des points très divers, et il est difficile de se rendre compte que le M. Lefebvre, le M. Dubois, ou le M. Durand qui possède telle propriété dans le département du Nord, est en même temps propriétaire d'un domaine dans les Landes, et d'un vignoble en Médoc.

Nous pouvons dire avec certitude qu'il y a en France tant de propriétés de telle ou telle contenance, mais il n'est possible d'indiquer que d'une manière un peu moins précise, le nombre des propriétaires.

Il n'est pas moins difficile d'établir des limites absolument rigides entre les divers ordres de propriétés ; le système des cloisons étanches n'est pas applicable en ces matières. Cent hectares de terres labourables dans le pays de Caux ou dans la Beauce constituent certainement une grande propriété ; en est-il de même si ces cent hectares sont composés de prairies coupées par de grands massifs de sapins, parsemées de rochers ou de pierres et situées à l'altitude dans nos Alpes ou dans nos Pyrénées ?

Quelques hectares de vignes d'un cru célèbre ou de cultures maraîchères surburbaines constituent une grande propriété, tandis que la même superficie dans les dunes qui bordent la mer et plantée en pins sera considérée comme une moyenne ou même une petite propriété.

Les modes de classement jusqu'ici adoptés nous apparaissent donc comme quelque peu arbitraires, même celui qui avait été proposé par notre éminent et regretté prédécesseur au Comité de direction du Musée social, M. de Foville :

petite propriété de	0 à 6 hectares
moyenne propriété de. . . .	6 à 50 hectares
grande propriété de.	50 à 200 hectares

Bornons-nous donc à donner quelques chiffres qu'il y a lieu de croire exacts.

Il semble, d'après les évaluations paraissant se rapprocher le plus de la vérité, qu'il y a en France environ 8 millions 1/2 de propriétaires.

On peut admettre aussi que le nombre de ceux-ci a doublé, dans notre pays, entre la Révolution et l'année 1875, mais que le rythme de cette accession d'un plus grand nombre à la propriété s'est ensuite quelque peu ralenti et qu'il a même, pendant un moment, fait place à un léger recul.

Quelle superficie ces 8 millions 1/2 d'agriculteurs ont-ils à leur disposition ?

On estimait, au commencement de 1910 : à 23 millions 1/2 d'hectares environ la superficie cultivée par les agriculteurs ; à près de 9 millions 1/2 d'hectares les terrains couverts de forêts ; à environ 5 millions 1/4 d'hectares, les pâturages ; à près de 5 millions d'hectares les prairies naturelles ; à 1.700.000 hectares les vignobles, et à 1.250.000 hectares environ les cultures diverses et jardins.

Les terres cultivées avaient diminué de près de 2 millions d'hectares en un peu moins de 30 ans.

La surface des terres ensemencées avait diminué d'un million d'hectares, ce qui n'avait pas empêché le rendement de s'accroître de 20 millions d'hectolitres.

Au cours des 60 dernières années on peut évaluer à près de 50 % du rendement, malgré la réduction de la surface cultivée, l'augmentation à l'hectare.

Ne nous enorgueillissons pas de ce résultat qui nous laisse encore dans des conditions d'infériorité humiliante vis-à-vis de tous nos voisins du Nord et de l'Est.

La superficie des vignobles surtout depuis le phyloxera, avait diminué de 25 % au cours de la même période ; par contre celle des pâturages avait quadruplé et celle des prairies naturelles s'était aussi accrue de 20 % environ (ce qui s'explique aisément en présence de l'immense effort de la population ouvrière pour arriver à une importante consommation de viande).

Les affectations des autres parties de notre territoire étaient restées stationnaires, sauf ces terres portées sous la rubrique

« Terres incultes » dont l'importance avait diminué de moitié comme superficie, ce qui est tout à l'honneur de l'énergique et obstiné paysan français.

Telles sont les grandes divisions de la terre de France au point de vue de ses diverses destinations.

Dans quelles conditions le sol ainsi cultivé est-il réparti entre ses différents propriétaires ?

Il nous suffira, étant donné le point de vue auquel nous nous sommes placé, d'indiquer les grandes lignes, car la situation du travailleur agricole ne varie pas de la petite à la très petite non plus que de la grande à la très grande propriété.

Nous nous bornerons donc à rappeler en réunissant sous une même rubrique les éléments qui, en présence de notre ordre de préoccupations, apparaissent comme à peu près semblables, qu'environ 1/3 de la totalité de la surface de notre territoire exploité est constitué par de *grandes* propriétés.

1/5 est divisé entre un grand nombre de petits propriétaires dont les cotes d'impôt foncier n'atteignent pas normalement 25 francs.

D'autre part un nombre considérable de petits propriétaires paie plus de 25 francs d'impôt foncier, sans que pour cela ils cessent de rester « petits propriétaires » et ces deux catégories réunies occupent ensemble plus d'un autre 1/3 du sol exploité.

Le reste constitue ce qu'on appelle la moyenne propriété qui dispose ainsi d'une superficie un peu moins considérable que la grande et que la petite.

Cette répartition a-t-elle été sensiblement modifiée au cours de ces dernières années ?

Bien des discours ont été prononcés et beaucoup de papier a été noirci pour élucider cette question, mais trop souvent avec un parti pris évident de faire dire aux statistiques ce que l'auteur souhaitait être la vérité.

De tous ces travaux examinés avec une absolue impartialité, il paraît ressortir que la petite propriété n'a pas diminué dans l'ensemble ; si elle a légèrement perdu du terrain sur certains points du territoire, au même moment elle en gagnait ailleurs. De cela on ne peut que se réjouir. Rien n'est plus important au point de vue social que cette diffusion de la propriété. La petite propriété offre, en outre, une résistance beaucoup plus grande aux causes de dépressions au moment des crises qui s'abattent sur le monde agricole à des intervalles plus ou moins éloignés.

S'il y a lieu de se louer de la grande division de la propriété dans notre pays, on peut, au contraire, regretter qu'elle y soit aussi morcelée.

Pour environ 8 millions 1/2 de propriétaires, la statistique de 1891 accusait 151 millions de parcelles.

Une telle situation comporte un prodigieux gaspillage d'efforts. Que d'allées et venues inutiles ! que de temps perdu ! que de travail accompli dans des conditions défectueuses ne permettant pas un plein rendement !

Comment s'expliquer que le remembrement si largement et si avantageusement pratiqué dans d'autres pays ait été jusqu'ici si peu apprécié chez nous.

Espérons, que grâce à la nouvelle loi votée sur l'initiative de M. le Sénateur Chauveau et à la suite du rapport remarquable de M. Fougère, député, dont les conclusions furent acceptées par le Gouvernement, nos propriétaires ruraux useront des facilités qui leur sont offertes.

Nous n'avons plus le droit, après la guerre, de permettre que le travail d'une partie de nos concitoyens ne produise, faute d'organisation, que des résultats insuffisants ; nous devons, par des simplifications législatives et administratives et par une propagande obstinée, obtenir l'abandon des anciens errements.

L'amour de la propriété est un sentiment indubitablement profitable et avantageux pour l'ensemble de la Nation. Il contribue à procurer plus de bien-être à chacun et peut-être surtout aux plus modestes. Il devient cependant nocif lorsqu'il est poussé jusqu'à un aveuglement susceptible de faire perdre à certains la juste appréciation de leur propre intérêt lui-même.

MODES D'EXPLOITATION DU SOL : FAIRE-
VALOIR DIRECT ; GRANDE, MOYENNE ET
PETITE PROPRIÉTÉ, FERMAGE, MÉTAYAGE

De l'état de division du sol dépend, en grande partie, son mode d'exploitation ; et celui-ci exerce, à son tour, une sérieuse influence sur la situation du travailleur agricole.

Les trois modes d'exploitation de la terre généralement usités sont : la culture directe, le fermage et le métayage.

La culture directe qui s'applique à un nombre énorme de petites propriétés à un certain nombre de moyennes, l'emporte de beaucoup sur les deux autres modes d'exploitation de la terre française.

D'après les statistiques, plus des deux tiers des agriculteurs sont propriétaires des terres qu'ils font valoir ; et celles-ci forment plus de la moitié du sol exploité.

Le nombre des fermiers n'atteint pas le quart de celui des chefs de culture ; un peu plus du tiers de la superficie cultivée leur est confiée.

Un dixième du sol français environ est cultivé sous le régime du métayage, alors qu'à l'époque de Turgot la proportion était de plus de moitié.

La culture directe n'a pas besoin d'une longue définition : le propriétaire fait lui-même valoir son domaine, s'il a tous les soucis et toutes les difficultés de la direction, il doit en avoir naturellement tous les bénéfices.

Le fermage, au contraire, comporte en vertu d'un contrat l'abandon d'une propriété rurale au cultivateur qui la fera valoir dans des conditions d'exploitation stipulées et moyennant paiement d'un loyer. Le fermier a la jouissance complète du domaine, à la condition de se conformer aux conventions du bail signé par lui.

Le métayage constitue un mode particulier de fermage dans lequel le propriétaire, au lieu de recevoir pour la location de sa terre une rente fixe, partage avec son locataire, généralement en nature et par moitié, tous les biens récoltés, sur la propriété. Souvent il fournit tout ou partie du capital, du matériel d'exploitation, et même du cheptel. On est en général d'accord dans les milieux agricoles pour admettre que partout où le régime du métayage était en vigueur, les crises ont été plus aisément traversées et ont paru moins pénibles, aussi bien pour le métayer que pour le propriétaire. Aussi après avoir été en décroissance, — et l'apparition des fermiers généraux n'y a certes pas été étrangère, — le nombre des métayages paraît maintenant être plutôt en augmentation dans certaines provinces.

Il est évident que ces différences dans le mode d'exploitation de la terre, au moins autant que son état de division, exercent une très sensible répercussion sur la situation du travailleur agricole. Jusqu'où s'étend-elle? Quelle en est la nature? C'est ce dont, dans un chapitre spécial, nous chercherons à nous rendre compte.

EXODE RURAL : LA DÉPOPULATION DES
CAMPAGNES ET LE TRAVAILLEUR AGRICOLE

La densité plus ou moins grande de la population de nos campagnes exerce naturellement une influence considérable sur la situation du travailleur agricole.

Si, de tout temps, on s'est plaint de l'exode des travailleurs ruraux et de l'attrait exercé sur eux par la Ville, on ne peut nier que ce mouvement, à tant de points de vue regrettable, s'est gravement accentué au cours des dernières années. La diminution énorme de la natalité, la prospérité et le développement de l'industrie, et la résignation passive des agriculteurs en face de cette désertion des campagnes nous paraissent en être les principales causes.

Quelle proportion a atteint la diminution de la population rurale ?

Les statistiques nous montrent l'étendue et la gravité du mal.

Il n'est pas exagéré de dire qu'à toutes les époques on s'est lamenté sur la diminution du nombre des travailleurs ruraux.

L'ancienne Grèce a retenti sur ce point des plaintes les plus éloquentes ; à Rome, non seulement les objurgations poétiques, mais les lois, et même ce qui, en toutes circonstances exerce la plus grande influence, l'exemple venu de haut, celui d'un Caton, ne suffirent pas pour ramener les travailleurs à la terre. Plus tard, il est vrai, en présence d'un afflux de conquérants traînant à leur suite des peuplades entières, le nombre des travailleurs de la terre augmenta subitement dans des proportions considérables, mais dès qu'avec la civilisation le luxe et le bien-être se développèrent, le même phénomène se reproduisit, on lutta contre lui, même au Moyen-âge.

Beaucoup plus tard, en 1533, Ch. ESTIENNE écrivait : « Au temps présent, les serviteurs ne s'ingèrent et s'offrent plus à la foule ainsi qu'au passé, et, par ce, il n'est plus commun à tous maistres d'en choisir entre plusieurs, mais convient prendre ce qu'on peut trouver..... »

Si les termes sont différents, les faits constatés par les agriculteurs d'aujourd'hui sont les mêmes.

Au XVIIe siècle la correspondance des grands ministres qui ont illustré le règne de Louis XIV tout comme celle d'écrivains charmants sur lesquels ne pesaient pas d'aussi lourdes responsabilités nous les montrent préoccupés de l'abandon des campagnes. Certains n'hésitèrent même pas à provoquer, de la part du roi, des mesures de l'ordre de celles qu'un de nos académiciens qualifiait « d'opérations de police un peu rudes ». De véritables rafles furent opérées, à certaines époques dans les grandes villes, parmi les moins fortunés de leurs habitants et ceux-ci furent déportés dans les campagnes les plus dépourvues, et obligés de s'y livrer au travail rural.

Au XVIIIe siècle, ce n'est pas seulement J. J. ROUSSEAU qui signale avec amertume l'abandon de la vie rurale et tous les inconvénients du surpeuplement des villes qui en résulte, c'est un véritable leit-motiv revenant constamment sous la plume des économistes et des écrivains que préoccupent les problèmes sociaux.

On recherche les causes de cet état de choses considéré comme funeste, et aussi les remèdes susceptibles d'y être apportés.

Le grand développement industriel, d'abord manuel et ensuite mécanique, provoqué en France par le blocus continental puis par l'augmentation de bien-être qui succède aux guerres de l'Empire, enfin par la création des chemins de fer, contribua encore à enlever des bras à l'agriculture. Tout le monde connaît sur ce thème les clichés dont pas un comice agricole sous le second Empire ne fût exempt.

Ce mouvement continua à la fin du XIVe siècle, et ne fit que s'accentuer au cours des années qui ont immédiatement précédé la guerre. Pour cette période nous n'avons malheureusement pas de statistique. Il ne pouvait d'ailleurs en être autrement puisque, pendant ces dernières années d'une longue période de paix, dans toutes les branches de l'activité nationale les travailleurs firent défaut au point de rendre impossible, alors que les capitaux disponibles regorgeaient, la création de nouveaux établissements industriels.

Des filateurs et des tisseurs, bien qu'étant assurés d'écouler leur production, ne purent monter les métiers nécessaires, parce qu'ils étaient certains de ne pas trouver d'ouvriers.

Les deux maux sont donc évidents : l'émigration des travailleurs ruraux vers les villes se poursuit, et le surpeuplement urbain va s'aggravant au dépens de la moralité et de la salubrité et contribuent à la dépopulation de la France.

Et cependant, la superficie des terres exploitées dans notre pays n'a pas cessé de s'accroître ; leur rendement s'est constamment élevé, et non seulement les famines ont disparu, mais il est unanimement admis qu'un très petit effort suffirait pour que la France devînt exportatrice de céréales.

Voilà le fait, et en faisant abstraction de toutes les considérations ne touchant pas directement à l'industrie agricole, nous avons, semble-t-il, le droit de dire que si la marche de l'agriculture, comme celle de beaucoup d'autres industries a été gênée, elle n'a cependant pas été entravée.

De là à concevoir l'espoir que si nos agriculteurs veulent

bien adopter, en s'orientant dans l'industrialisation de l'agriculture, certaines idées un peu différentes de celles qui ont jusqu'ici régné, et les mesures qui en découlent, la crise dont ils se plaignent pourra être atténuée, il n'y a qu'un pas

Le premier but de ces dispositions nouvelles pourrait être d'arriver à une organisation du travail dans laquelle patrons et ouvriers trouveraient également leur avantage.

N'est-ce pas un des problèmes qui se dressent actuellement devant nous de la manière la plus impérative ?

M. E. TISSERAND, qui fut un de ces grands directeurs généraux dont jadis s'enorgueillissait à juste titre l'Administration française, écrivait dès 1882 : « La main-d'œuvre, quoiqu'on prétende, est encore relativement et largement suffisante dans les fermes, surtout *depuis le développement de l'outillage agricole*. La diminution actuelle n'est donc pas encore un mal. Elle oblige l'agriculteur à mieux utiliser les bras, à diminuer ses frais de main-d'œuvre, elle conduit à l'outillage perfectionné, *tout en permettant de donner de meilleurs salaires* ».

Et plus loin, il ajoutait. « Produire beaucoup avec le moins de dépenses possible, de façon à nourrir la plus nombreuse population, tel doit être le but d'un cultivateur. Le mal n'est pas d'avoir moins de bras pour obtenir le même produit, loin de là. Quand avec un ouvrier on arrive à faire le travail de deux, il y a progrès. »

Tel est à notre avis, le point de vue juste et exact et c'est par lui que nous nous efforcerons de nous laisser guider dans ce travail.

Quels chiffres nous apportent les statistiques au sujet de l'exode des travailleurs agricoles ?

La plus ancienne que nous possédons est celle de 1846 ; et encore devons-nous faire quelques réserves non seulement sur le mode d'établissement de celle-ci, mais aussi de celles qui nous ont été fournies depuis cette époque. Elles sont basées sur ce postulatum que : doivent être considérées commes agricoles les populations de toutes les agglomérations ne dépassant pas 2.000 habitants, cela laisse vraiment une part trop importante aux évaluations arbitraires.

Quoiqu'il en soit, il ressort des statistiques ainsi établies qu'en 1846, la population rurale représentait en France 75,58 % du total des habitants de notre pays.

Elle n'était plus en 1856 que de .   .   .   72,70 %
en 1866   69,5   %
en 1876, sans tenir compte de la perte de l'Alsace et de la Lorraine, de .   67,6   %
en 1886   64,1   %
en 1896   60,9   %
en 1906   57,9   %
en 1911 .   .   .   .   .   45 à 47   %

Si la base est un peu arbitraire, la relativité, au moins, dans ces statistiques reste exacte et elle montre clairement l'attraction exercée par nos villes tentaculaires sur la population rurale de notre pays. Actuellement, en 1918, nous devons arriver au moment où la France est divisée en deux parts à peu près égales, avec une population rurale sensiblement égale à la population urbaine. Peut-être même la population urbaine a-t-elle déjà commencé à prendre une légère prépondérance.

Nous croyons devoir faire observer qu'un mouvement analogue, mais bien autrement rapide s'est produit en Allemagne, surtout à partir de 1880, car, dans ce pays, la population agricole atteint aujourd'hui à peine le quart de la population totale.

Ajoutons que cela n'a pas empêché d'y obtenir une production agricole intensive représentant à l'hectare, pour certaines céréales, le double de la nôtre, ce qui ne laisse pas d'être, pour nous, quelque peu humiliant.

L'exode rural n'enraie donc pas absolument le progrès agricole, n'y a-t-il même pas contribué dans une certaine mesure, comme le dit M. Tisserand, puisqu'il a incité à l'industrialisation.

S'il est aisé d'ajouter dans une filature de nouvelles broches et dans un tissage des métiers à tisser, dirigés par les mêmes ouvriers, auxquels peut être confiée la surveillance d'un plus grand nombre de ces appareils très perfectionnés, il n'est pas possible en agriculture d'ajouter de nouveaux hectares de terre. La conséquence naturelle est qu'avec l'augmentation du nombre de machines, la quantité de travailleurs employés diminue.

Le mouvement général vers la ville n'atteint pas dans toutes les régions de la France une intensité égale. La proportion n'est-elle pas malheureusement dépassée ?

Dans telle commune du Tarn, le nombre des familles s'abaisse en 50 ans de 176 à 125 : dans telle autre de la Haute-Garonne, c'est dans un court délai de 5 ans que la population a été réduite de 50 pour cent. Dans le Rhône, dans la Sarthe, dans la Drôme, dans la Seine-Inférieure, dans l'Eure, le même phénomène se reproduit.

La diminution sévit surtout sur les parties excentriques des communes, les hameaux éloignés du centre de l'agglomération ; la partie centrale, ce qu'on appelle le bourg, conserve assez souvent à peu près la même densité.

Dans certains centres agricoles, l'émigration est beaucoup moins intense et l'absence de travailleurs provient simplement du plus grave des fléaux sociaux sévissant actuellement sur notre pays : la diminution effrayante de la natalité.

Evidemment, le Midi de la France et à sa tête le Lot-et-Garonne, tient un rang peu enviable dans les statistiques qui nous renseignent sur la gravité du mal, mais tous nos départements sont atteints, même ceux de l'Ouest, comme la Bretagne, ceux du centre et ceux de l'Est. La décroissance de la natalité en France a été de 50 pour cent au cours du dernier siècle. N'est-ce pas terrifiant ?

La situation est-elle sans remède ? Nous pensons que presque rien n'est irrémédiable *lorsqu'on est résolu à agir* ; mais il est urgent d'entreprendre la lutte avec la plus grande énergie, en appliquant à la fois tous les remèdes qui sont à notre portée.

Ne semble-t-il pas que les causes du mal dans les villes n'existent pas au même degré à la campagne ? Il est plus facile d'y élever des enfants, et ceux-ci rendent déjà à un âge peu avancé de précieux services à leurs parents, qu'ils soient *petits propriétaires, fermiers, métayers ou même simples ouvriers agricoles.*

Les conséquences de la dépopulation sont-elles les mêmes pour chacune des catégories d'agriculteurs ? Quelle répercussion exerce-t-elle sur la situation du travailleur agricole ? Quelle est l'importance relative de chacune de ces catégories ?

Constatons tout de suite que le nombre de ceux qui composent l'une des plus intéressantes, les petits propriétaires, ne diminue pas ; il aurait plutôt tendance à augmenter. Ceux d'entre eux qui cultivent eux-mêmes leurs terres sont au nombre de plus de 2 millions en France et ne se laissent pas séduire par des mirages urbains. Ces familles sont rurales et le restent ; et il nous paraît difficile, en face d'un fait semblable, de soutenir que nos populations agricoles se désaffectionnent de la terre. Ne serait-il pas plus exact de dire qu'on n'a peut-être pas fait ce qui était utile pour que leur attachement au sol n'entraîne pas pour eux des sacrifices qui pourraient, en grande partie, leur être épargnés et lui assurer ainsi leur fidélité ?

PETITS PROPRIÉTAIRES, MÉTA-
YERS, OUVRIERS AGRICOLES

La statistique de 1892 divisait les 6.663.000 Français exerçant la profession agricole en chefs d'exploitation qui représentaient 54,1 °/₀ du total et auxiliaires et salariés qui en formaient les 45,9 °/₀, soit : 3.058.000.

Parmi ces 3 millions d'auxiliaires et de salariés on comptait :

Environ 16.000 régisseurs répartis dans les départements et les régions de grande culture ;

Environ 1.210.000 journaliers, particulièrement nombreux, dans les départements qui entourent Paris, et dans la région du Nord : Aisne, Somme, Pas-de-Calais, Nord. Quelques parties du Midi et particulièrement l'Hérault, comptent un assez grand nombre de journaliers.

Enfin on estimait à 1.832.000 le nombre des domestiques de ferme, formant le personnel permanent de l'exploitation : maîtres, valets, laboureurs, charretiers, bouviers, bergers, servantes de ferme.

Parmi eux, les laboureurs et charretiers figuraient au nombre de 509.000 environ, soit 27,21 %.

Et les servantes pour 462.000, soit 25,21 %.

De 1882 à 1892, le nombre des auxiliaires ou salariés avait diminué de 394.500, soit 11,42 %.

Cette diminution avait été partiellement compensée par une assez sensible augmentation du nombre des chefs d'exploitation. On y avait surtout remédié en rendant le travail plus productif par l'emploi plus répandu des machines et en appelant en France, temporairement un plus grand nombre d'ouvriers étrangers.

Sur les 3.600.000 propriétaires, à peu près les deux tiers travaillent uniquement pour leur compte et ne touchent pas de salaires.

Un tiers d'entre eux sont occupés à la fois sur leur propre bien et aussi pour le compte d'autrui comme ouvriers à la journée, ou comme locataires d'autres fermes, à moins que ce ne soit à la tête d'une métairie.

De 1890 à 1900, le nombre des cultivateurs exploitant eux-mêmes leur domaine, a augmenté de 48.500 ; il est important de faire remarquer que, dans cette catégorie d'agriculteurs, il n'y a eu aucun exode, au contraire.

Le nombre des fermiers et surtout celui des métayers a également augmenté ; c'est donc uniquement sur le groupe des auxiliaires et salariés qu'a porté la diminution. Nous aurons à revenir plus loin sur ces constatations ; bornons-nous pour le moment à faire seulement ressortir les conséquences suivantes :

Les deux millions 1/4 de petits propriétaires qui travaillent uniquement pour leur compte ne souffrent point de la dépopulation des campagnes ; tout au plus sont-ils quelques fois obligés d'aller chercher un peu plus loin certains objets nécessaires lorsqu'au bourg prochain le nombre des fournisseurs diminue en même temps que celui des consommateurs.

Les petits propriétaires travaillant pour autrui en souffrent moins encore, puisque le nombre des salariés diminuant, la rémunération de leur travail au dehors s'élève fatalement.

Les métayers et les fermiers importants, et les grands propriétaires faisant valoir eux-mêmes se trouvent seuls en face de difficultés réelles, puisqu'ils ont plus d'emplois à offrir qu'il n'y a de demandes pour ceux-ci.

La situation peut donc être définie ainsi : Dans toutes les catégories d'agriculteurs : grands propriétaires, petits propriétaires, métayers, fermiers, l'amour de la terre, le goût de la vie rurale s'est accentué ; un plus grand nombre se sont fixés à la campagne. Par contre, dans une seule de ces catégories, celle des auxiliaires et salariés, l'attraction de la ville s'est exercée si vivement qu'on a pu parler de dépopulation des campagnes, d'exode vers les villes.

CHAPITRE II

LES DIFFÉRENTES CATÉGORIES D'OUVRIERS AGRICOLES ET LE CONTRAT DE TRAVAIL

Les domestiques à l'année. — Travaux ; mode d'existence ; louage ; usages ; habitudes. — Journaliers ; mode de paiement ; salaire en nature ; salaire en argent ; hausse des salaires agricoles. — Le chômage.

En présence d'une semblable situation, ne doit-on pas, tout d'abord, avant de préconiser timidement telle ou telle solution se livrer à un examen complet de la situation morale et matérielle des travailleurs de la terre, salariés et auxiliaires ?

Quelles sont les conditions de vie des différentes catégories d'ouvriers agricoles ? Quelle est leur situation morale et matérielle ? Quelles sont les bases de leur contrat de travail ?

LES DOMESTIQUES A L'ANNÉE.
TRAVAUX ; MODE D'EXISTENCE ;
LOUAGE ; USAGES ; HABITUDES.

Commençons par les domestiques à l'année, ceux qui vivent à la ferme ou auprès de la ferme : laboureurs, charretiers, bouviers, vachers, bergers, valets, servantes et filles de fermes.

Leur contrat porte généralement sur une année ; quelquefois cependant, le temps de la moisson en est exclu, à moins encore qu'il ne donne lieu à une clause spéciale.

Les domestiques à gages doivent tout leur temps au chef d'exploitation qui les a embauchés. Sauf lorsqu'ils sont mariés et que la surveillance de nuit peut être exercée sans leur concours, ils couchent à la ferme et ils y sont nourris. Les engagements sont généralement conclus à des époques déterminées, mais variables suivant les habitudes régionales.

En Normandie, c'est la Saint-Jean, 24 juin et la Saint-Michel, 29 septembre ; dans le Calvados, c'est la Saint-Clair, 18 juillet ; ailleurs c'est la Saint-Martin, 11 novembre ; etc.

Le travail est réglé à peu près de la même manière dans tout le Nord, l'Ouest et l'Est de la France : lever suivant la saison entre 3 et 4 heures du matin ou entre 5 heures 1/2 et 6 heures, pansage des animaux et distribution de la nourriture.

Vers 6 heures ou 6 heures 1/4, déjeuner composé d'une soupe bien fournie, puis de pain et de beurre avec cidre, bière ou vin.

On retourne ensuite vers les animaux, soit pour les atteler, et aller labourer, soit pour tout autre ouvrage, transport du fumier, engrais, terreaux ou autres produits. Le berger sort ses animaux si le temps le permet.

On rentre entre 11 heures et 11 heures 1/2, on fait la toilette des animaux, on leur donne à manger, puis on se rend dans la grande cuisine qui sert généralement de salle commune où, assis sur des bancs qui bordent la longue et épaisse table de chêne, on prend sa part du repas de midi qu'on appelle généralement à la campagne, le dîner. Jadis il comportait soit des œufs, ou bien des légumes : pommes de terre, haricots ou autres, seulement une ou 2 fois par semaine de la viande presque toujours en ragout avec des légumes, du pain et du fromage, le dimanche le café, et malheureusement toujours le petit verre d'alcool.

Maintenant, il y a tous les jours de la viande et des légumes, pain et fromage, cidre ou bière ou vin dans les pays vinicoles, et café avec deux petits verres d'alcool.

Le repas dure une bonne heure et lorsqu'il est terminé, on se dirige vers l'écurie ou vers l'étable pour une nouvelle attelée qui finira avec le jour en hiver et vers 6 heures en été, sauf à atteindre une heure plus tardive s'il s'agit de rentrer la moisson.

Les animaux pansés, on revient vers la ferme où a lieu le souper composé d'une soupe, presque toujours maintenant de viande et de légumes, de pain et de beurre ou de fromage, et souvent encore d'un ou deux petits verres d'alcool.

Le repas finit ; on cause pendant un moment, puis chacun va se coucher.

Quelquefois, le dimanche, il y a une galette, une brioche ou quelqu'autre douceur. Ce jour-là on n'accomplit pas d'autre travail que les soins à donner aux animaux.

Sauf dans quelques exploitations agricoles plus modernes, les domestiques sont logés dans les écuries, dans les bergeries ou dans les étables. Quelquefois, les lits formés de planches et garnis d'une certaine quantité de paille sur laquelle est posé un matelas, sont au ras du sol. Ailleurs, ils sont en hauteur, fixés aux solives du plafond au moyen de traverses ; une planche au bord sert de ruelle ; elle est à 1 m. 50 ou 1 m. 75 du sol et une échelle permet d'y accéder. De là, le charretier ou le berger a bien tous ses animaux sous les yeux.

Le même résultat pourrait être obtenu si, comme dans certaines fermes trop rares encore, il existait une petite chambre contiguë située en hauteur au bout de l'écurie et dont la cloison séparée de celle-ci serait en partie vitrée donnant vue sur toute l'écurie.

La vie des servantes de ferme est réglée par les conditions de travail des autres employés. Elles sont obligées de se lever un peu plus tôt, afin que le repas du matin soit prêt à l'heure voulue. Entre les repas elles aident la fermière à tous ses travaux, soins à donner au linge, à la laiterie, à la basse-cour, etc... etc...

Quels sont les salaires alloués pour ces travaux ?

Avant la guerre, dans les régions du Nord, de l'Ouest et de l'Est, les gages étaient à peu près les mêmes.

Un bon charretier sachant labourer recevait entre 5 et 600 francs. Jusque vers 1900, ce n'était guère que 4 ou 500 francs. Les bergers avaient souvent les mêmes gages, quelquefois un peu moins. Les servantes de ferme avaient comme gages 20 à 30 francs par mois.

Actuellement on peut affirmer que tous ces salaires sont au moins doublés. Un bon charretier gagne de 1.200 à 1.800 francs, même davantage dans les environs de Paris et exige une nourriture comme nous l'avons indiqué plus haut toute différente de ce qu'il acceptait jadis. Et même en payant ces nouveaux salaires, on trouve très difficilement des bergers et des vachers.

Dans la région de Paris, déjà avant la guerre, certaines exploitations ont liquidé leur troupeau de vaches laitières, parce qu'on ne trouvait personne pour les traire.

En résumé, on peut dire que, de 1820 à 1880, les salaires agricoles alors très bas se sont sans cesse élevés avec accentuation dans ce sens à partir de 1860.

Après 1880, il y a eu, pendant un moment, un léger recul ; actúellement ils sont de 2 à 3 fois plus élevés qu'avant la guerre.

Ils varient un peu suivant les résultats de l'exploitation qui ne connaît pas seulement de bonnes, mais quelquefois de mauvaises années, aussi bien pour les céréales que pour la vigne et les autres récoltes.

En agriculture, il y a presqu'un semblant d'association entre le capital et le travail ; en tous cas, sauf quelques exceptions heureusement bien peu nombreuses, il n'y a pas d'antagonisme.

Lorsqu'il s'en rencontre, c'est presque toujours dans des fermes où les domestiques ne sont pas nourris à la table du fermier ; dans de grandes exploitations où ils vivent éloignés de lui, nourris tous ensemble dans des cantines confiées à des entrepreneurs, ou à des employés chargés de les diriger.

On estimait, avant la guerre, que, dans les fermes, la nourriture coûtait de 0,70 à 1 fr. 20 par personne et par jour. On comptait 1 kilog de pain par jour et par personne. Peu de fermières cuisaient leur pain elles-mêmes ; on donnait du blé au boulanger qui rendait 1 kilog de pain pour 1 kilog de blé.

Lorsque les patrons ne nourrissaient pas leurs employés (dans le Nord c'est assez général), ils augmentaient le salaire de 40 à 45 fr. par mois qui venaient s'ajouter aux gages que nous avons indiqués plus haut, variant de 310 à 360 jusqu'à 450 fr. 550 et 600 fr. dans les contrées de culture intensive.

Il convient d'ajouter à ces chiffres quelques gratifications fixées par l'usage : 0,05 par sac donné au charretier pour les transports de céréales, une petite somme pour chaque animal vendu, remise au vacher ou au berger. Les ouvriers se servent du matériel du fermier pour tous les besoins de leur petite propriété personnelle qui comprend en outre un jardinet où l'on peut récolter les légumes nécessaires à la famille au cours de l'année.

Dans l'Ouest et par exemple en Vendée ou en Bretagne, le patron fournit des sabots et quelques vêtements, particulièrement aux servantes.

Les rapports entre patrons et ouvriers agricoles, sauf, nous l'avons dit, dans quelques grandes fermes des environs de Paris où l'on ne nourrit pas et où les relations perdent leur caractère d'intimité, sont très bons, nous pourrions dire excellents.

Les travailleurs vivent avec leurs patrons sur un pied d'intimité réelle ; ils se trouvent chez le cultivateur comme dans leur propre famille.

La table est la même pour tous, et non seulement la nourriture, mais le travail est aussi semblable ; le fermier, par l'exemple qu'il donne, crée l'émulation.

La toilette, les récréations sont les mêmes ; les distractions sont peu nombreuses pour les uns comme pour les autres.

La fille du fermier à peu près habillée comme la servante, sort avec elle.

Jamais aucun air de supériorité ; pas de manières distantes ; on vit sur une base réelle d'égalité.

De tout cela résulte une heureuse stabilité. les cas de domestiques restant pendant 10 ans et plus dans la même famille ne sont pas rares.

Dans le Cher, dans la Loire-Inférieure, dans les Ardennes, dans les Deux-Sèvres, en Normandie, en Dordogne, **régions** éloignées les unes des autres, les constatations sont les mêmes.

Aucune différence à ce point de vue, entre la petite, la moyenne et la grande culture, sauf lorsque, dans celle-ci les vieux usages n'ont point été conservés. Si les patrons ne nourrissent pas eux-mêmes leurs employés, si un certain nombre d'étrangers surviennent, si des manières distantes se substituent à la familiarité et à la cordialité, les rapports ne tardent pas à s'aigrir. On ne se connaît plus ; la vie avec cloisons étanches a engendré la jalousie. Le défaut de rapprochement entre collaborateurs produit toujours les mêmes effets néfastes. Partout un contact se rapprochant un peu de celui de la tranchée est souhaitable.

Cependant depuis quelques années la raréfaction des ouvriers agricoles amena des surenchères au moment de la moisson ; des domestiques rompirent leurs engagements d'une manière irrégulière pour aller faire la moisson à des prix élevés chez les cultivateurs voisins. Il en résultait que des fermiers ayant gardé chez eux, pendant tout l'hiver, époque où leur travail était forcément limité, des employés sur lesquels ils comptaient pour le moment de la récolte, les voyaient partir à ce moment même.

On fut ainsi amené à modifier la nature des contrats et à graduer les appointements suivant l'intensité possible du travail pendant les diverses saisons.

Quelquefois 10 mois sont également payés, tandis que le salaire des deux grands mois d'été est doublé ou bien le salaire est le même pour les 8 mois d'hiver que pour les 4 mois d'été, à moins que ce soient même les 3 mois de belle saison payés autant que les 9 autres.

Quelquefois aussi des petits cultivateurs engagent un domestique seulement pour l'été.

Dans certaines régions du Midi, un tarif spécial a été élaboré ; on a divisé par 100 le montant total des gages, puis on multiplie le quotient par un coefficient différent qui varie de 3 pour les mois de décembre et janvier et de 6 et 7 pour novembre, février et mars, jusqu'à 11 pour mai et août et 13 pour juin et juillet.

JOURNALIERS ; MODE DE PAIEMENT ;
SALAIRE EN NATURE ; SALAIRE EN
ARGENT ; HAUSSE DES SALAIRES AGRICOLES

Mais certains travaux demandent des aptitudes spéciales et sont de trop courte durée pour pouvoir être exécutés par les domestiques ordinaires de la ferme ; on a recours alors aux journaliers.

Comme leur nom l'indique, ils sont payés à la journée, tantôt nourris à la ferme les jours où ils y travaillent, tantôt touchant en plus du salaire, le prix de leur nourriture.

Ils ne sont jamais logés ; le plus souvent, ils habitent dans le voisinage et la plupart sont propriétaires de leur maison.

Du reste, beaucoup d'entre eux ne travaillent pas à la journée, mais à la tâche et deviennent ainsi de véritables petits entrepreneurs.

Tous, naturellement, travaillent à force au moment de la moisson et un grand nombre d'entre eux sont chefs d'équipe ou entrepreneurs de mois d'août ou de vendanges. Ils se chargent de faucher, soigner et engranger toute la récolte d'un cultivateur, moyennant des produits en nature et une somme fixe qu'ils répartissent ensuite entre les hommes et les femmes souvent étrangers Polonais, Belges, Italiens, Espagnols, etc... qu'ils ont embauchés à cet effet.

Là est leur principale source de revenu ; en dehors de l'époque de la moisson, ils s'occupent à toute sorte de travaux ; binages, terrassements, arrachage de betteraves, travail du lin, culture de la vigne, etc...

Quelquefois ils sont payés uniquement en nature, par un tant pour cent sur la récolte.

Autant qu'il est possible d'établir une moyenne en ces matières, en dehors de ceux qui travaillaient à la tâche dont quelques-uns jadis arrivaient à gagner de 5 et 6 fr. par jour, pour certains travaux particuliers, les journaliers ne gagnaient guère plus avant la guerre, de 2,75 par jour pour les hommes et environ 1,85 pour les femmes.

Il nous faut malheureusement dire un mot d'un troisième mode de paiement « partie en argent, partie en nature » dans lequel ce second élément est, en général, représenté uniquement par de l'alcool.

Un scandaleux privilège dit « des bouilleurs de cru » concède à certains le droit de fabriquer, sous prétexte de consommation dite « familiale » un nombre de litres d'alcool fixé par la loi sur lequel ils ne paient pas les droits élevés qui frappent ce produit nocif.

Le terme « consommation familiale » n'est que trop exact dans la plus large mesure, car j'ai encore devant les yeux la salle à manger d'une ferme appartenant à mon père où au dessert, on asseyait dans une chaise haute un bébé de moins d'un an. Comme nous félicitions ses parents, les fermiers, de la bonne mine de leur enfant, la mère nous répondait : « Oh ! oui, il forcit bien, il prend déjà sa petite goutte ». Et, en effet, lorsqu'après avoir bu la moitié de la tasse de café, elle l'avait de nouveau remplie avec de l'eau-de-vie, on donnait à l'enfant plusieurs petites cuillerées de ce breuvage malfaisant.

On a beau avoir réduit le nombre de litres concédés à titre de consommation familiale, et avoir prescrit des mesures de surveillance un peu plus sérieuses que par le passé, la fraude reste et restera considérable.

Comment pourrait-il en être autrement, lorsqu'elle porte sur un produit frappé d'un droit qui atteint 10 fr. par litre ? On comprend que, dans les régions où le nombre des bouilleurs de cru s'est multiplié d'une manière effrayante, les transactions aient acquis une souplesse exceptionnelle.

N'est-on pas d'accord sur le prix d'un cheval ou d'une vache ? La différence sera comblée par l'acheteur qui ajoura aux espèces sonnantes et trébuchantes, un petit baril d'eau-de-vie aisément dissimulé sous 3 ou 4 bottes de foin.

S'il est de 4 litres, c'est 40 fr. ; gagnés par le vendeur et qui ont été volés à l'État ; s'il est de 10 litres, ce sera 100 fr.

A certaines époques, la production de l'alcool par les bouilleurs de cru, qu'elle soit limitée à 40 litres d'alcool par an, ou à plus était en fait, à peu près illimitée ; maintenant qu'elle a été réduite, la fraude s'exerce encore et s'exercera toujours.

Du reste ce privilège constitue une scandaleuse injustice édictée en fin de législature, comme une basse mesure de corruption électorale par l'Assemblée nationale en 1876, au moment où elle allait enfin retourner devant le pays. Les Assemblées républicaines qui lui ont succédé n'ont pas eu le courage de supprimer cette honteuse et nuisible loi qui a été la source, dans ces régions, d'un abaissement moral et physique de notre race profondément attristant pour tous les bons Français.

Nul ne peut nier que l'alcoolisme est un agent puissant de développement de la tuberculose, et de la mortalité infantile. Peut-être lui doit-on la naissance de quelques enfants, mais, quels enfants ? et pour une vie de quelle durée ?

Quoiqu'il en soit, l'usage s'est établi dans les contrées où règnent les bouilleurs de cru, de payer les journaliers, pour partie en alcool, et le travailleur s'en va, le soir, avec seulement 1,50 ou 2 fr. d'argent dans sa poche, mais avec un litre d'eau-de-vie bien caché dans son panier ou dans sa besace. Celui-ci n'a à peu près rien coûté au cultivateur, mais il vaut, pour le travailleur, les 10 fr. qui ont été volés à l'État. A lui aussi, il coûte cher, car c'est sa dignité, sa santé, son bonheur et celui de sa famille qui sombreront, grâce à la mauvaise action de son patron.

Sans doute cette manière de procéder est formellement interdite, mais tout le monde sait que les choses se passent ainsi, en Normandie, en Basse-Normandie et bien ailleurs encore ; ceux qui voudraient en douter n'ont qu'à se rendre dans ces contrées et à regarder cette population aujourd'hui avachie dont, autrefois, les ancêtres étaient des êtres superbes. Qu'on regarde ensuite les statistiques et l'on verra à quel taux s'élève la mortalité dans ces campagnes si richement dotées par la nature. Qu'on jette les yeux sur les chiffres d'internés dans les asiles départementaux de fous, dans les prisons, etc... et l'on sera édifié.

Une autre plaie dont le journalier agricole n'est pas responsable et qui cependant, l'atteint d'une manière particulièrement pénible, c'est le chômage.

LE CHÔMAGE

Il a beau y avoir pénurie de main-d'œuvre à la campagne, il y a des moments où par exemple avec la neige et la gelée toutes sortes de travaux deviennent impossibles. Comme à certaines époques on manque de bras, et à d'autres il y en a toujours trop. Comment y remédier ?

Toute l'organisation de la lutte contre le chômage s'impose peut-être plus encore à la campagne qu'à la ville ; elle est à créer totalement : rien de réellement pratique et « efficient » n'existe à notre connaissance. La grosse difficulté reste, pour les organisations que l'on arrivera à fonder, le dépistage des chômeurs volontaires. Il ne nous semble pas qu'on puisse y parvenir sans le secours consciencieux des syndicats, et sans qu'une association générale placée à la tête, mais reposant sur de larges bases soit créée et puisse recevoir des fonds suffisants. Il faudrait en outre, que cette vaste mutualité se résolve en des groupements syndicaux assez réduits pour que chacun y soit connu personnellement par ses camarades.

Il existe encore une modalité de paiement des salaires, très limitée d'ailleurs, mais que nous devons cependant mentionner. Quelquefois le journalier est remboursé de la valeur de ses journées de travail par le prêt du matériel et des animaux de la ferme en vue du labourage de la terre dont il est lui-même propriétaire ou de transports à faire sur sa petite exploitation. De véritables tarifs à peu près les mêmes dans toutes les régions régissent ces bienfaisants échanges de services réciproques.

CHAPITRE III

CONDITION MATÉRIELLE
DES TRAVAILLEURS AGRICOLES

Le petit propriétaire cultivateur et l'ouvrier agricole ; condition souvent identique. — L'habitation, le mobilier. — Considérations spéciales sur le logement des ouvriers agricoles. — L'alimentation ; la table commune à la ferme. — Le pain. — Repas de moisson, de vendanges et de battage. — Le vêtement ; ses modifications. Regrettable abandon des vieux costumes. Les toilettes modernes. — Vieux costumes. — Budget des travailleurs agricoles. Difficulté de l'établir exactement.

LE PETIT PROPRIÉTAIRE CULTIVATEUR ET L'OUVRIER AGRICOLE ; CONDITION SOUVENT IDENTIQUE

Avec tous les éléments que nous avons analysés, nous pouvons maintenant essayer de dépeindre la condition matérielle du travailleur agricole.

Nous ne parlerons pas ici à ce point de vue du propriétaire de grandes cultures qui les dirige lui-même, ni du régisseur, ni même du fermier qui est à la tête d'une exploitation de grande ou de moyenne importance, leur mode de vie se rapproche à la campagne de celle du bourgeois à la ville.

Par contre, nous arrivons au petit propriétaire ; il nous paraît impossible, s'il vit sur sa propriété, si modeste soit-elle de le séparer du travailleur agricole. Il y a, en général, une telle similitude entre leurs situations réciproques ; leurs conditions de vie se rapprochent tellement ; elles sont même si souvent presqu'identiques, qu'il est impossible de les considérer à part.

L'HABITATION, LE MOBILIER ; CONSI-
DÉRATIONS SPÉCIALES SUR LE LO-
GEMENT DES OUVRIERS AGRICOLES

Le logement est l'enveloppe de la cellule sociale ; il est l'abri de la famille ; il est juste que nous lui donnions la première place dans l'examen de la condition matérielle du travailleur agricole. La maison n'est-elle pas le témoin muet, mais attachant de toutes les douleurs, de toutes les joies qui traversent la vie de ses habitants, depuis la naissance des enfants, jusqu'à la mort des parents ?

Elle ne s'attache point à nous, mais nous nous attachons à elle. Ses différentes pièces, les meubles qui les garnissent, les objets qui les ornent éveillent dans notre mémoire nombre de souvenirs : doux ou pénibles, gais ou funèbres. Presque chaque objet a pour nous une histoire, et l'ensemble constitue le cadre de notre vie.

C'est là que se forge cette chaîne formée de mailles tantôt résistantes, tantôt flexibles qui, quelques fois s'amincissent jusqu'à la rupture. Bientôt elles sont remplacées à l'aide des éléments voisins encore forts et la continuité presqu'indéfinie, qui en résulte, constitue la famille.

De quelle qualité est actuellement cette maison, ce logement, pour les familles de travailleurs ruraux, c'est-à-dire, pour la majorité de nos concitoyens ?

C'est très souvent une habitation construite en « galandage », c'est-à-dire, dont les murs sont faits d'un bâtis en bois avec briques posées dans le sens de la largeur remplissant les vides, et recouvertes ensuite de plâtre pur ou mélangé d'argile qui affleure les pièces de bois. Le tout est recouvert d'un toit débordant, souvent encore fait de chaume. Quelquefois, les murs sont simplement en terre, et alors leur épaisseur est plus considérable.

Fréquemment, la maison se compose d'une unique pièce à feu éclairée seulement par une fenêtre exiguë. Généralement un cellier contigu, quelquefois un grenier. Le sol est formé simplement de terre battue, où, peu à peu, se forment des trous servant de refuge à toutes sortes de débris. Le plafond est bas et enfumé. Presque toujours un petit jardin entoure la maison et fournit une grande partie des légumes nécessaires à l'alimentation de la famille.

Dans la pièce unique dont les dimensions atteignent généralement 25 à 30 mètres carrés, on fait la cuisine, on mange, on dort en famille, et trop souvent les chiens, les chats et d'autres animaux sont traités comme s'ils en faisaient partie, et nourris pour une part, de déchets dont les reliefs malodorants souillent le sol. Ces animaux entrent et sortent à leur guise, puisque la porte doit rester ouverte pour éclairer le réduit, l'étroite fenêtre n'y suffisant pas.

Cette maison est quelquefois construite sur une partie de terrain en déclivité, ce qui la rend plus humide et plus malsaine encore, mais permet la toute petite économie d'une partie du mur. Elle est très souvent située dans un fond, près d'une mare, à l'abri du vent, mais très fréquemment aussi du soleil.

L'éducation du paysan, au point de vue de l'hygiène, est tout entière à faire ; et en particulier il attache peu d'importance à son logement. Pour l'ouvrier de la ville, son habitation, quelque défectueuse qu'elle soit, est le seul endroit où il soit vraiment chez lui ; pour le travailleur agricole il y a le champ où croissent les récoltes, le verger où pousse l'herbe, où murissent les fruits, et où se concentre sa vie.

Il ne rentre guère que pour manger et pour dormir dans ce taudis, tellement insalubre que dès que la porte est fermée, la nuit, il s'intoxique au point que le grand air et le soleil arriveront à peine, au cours de la journée, à rétablir l'équilibre dans son organisme contaminé.

Afin de dégager les alentours de la cheminée et de la grande table bordée de deux bancs et placée près du foyer, le moins loin possible de la fenêtre qui lui dispense parcimonieusement la lumière, on place les lits dans les coins les plus sombres de la pièce.

Sauf dans quelques exploitations plus modernes et dans

des villages où des habitations nouvelles ont été construites par des villageois revenus au pays natal après fortune faite, telles sont les maisons habitées par les petits propriétaires et par les travailleurs ruraux, en Normandie, dans l'Ouest de la France, en Bretagne, et sur le Plateau Central.

En est-il autrement dans le Sud-Est que nous connaissons moins par nous-mêmes ?

Voici une description empruntée à un livre de M. Eugène Le Roy : « La maison basse et délabrée n'est guère plaisante. Il n'y avait qu'une chambre, pas bien grande encore, qui servait de cuisine et de tout, comme c'est assez l'ordinaire dans les anciennes métairies de notre pays. On n'y voyait guère non plus, car il n'y avait qu'un petit « fenestrou » fermant par un contrevent sans vitres, de manière que, lorsqu'il faisait mauvais temps, et qu'il était clos, la clarté ne venait qu'un petit peu au-dessus de la porte, et par la cheminée large et basse. Joint à ça que les murs décrépits étaient sales, et le plancher du grenier tout noirci par la fumée, ce qui n'était pas pour y faire voir plus clair.

« Dans un coin, touchant la cheminée, était le grand lit de grossière menuiserie où nous couchions tous trois ; et au pied du lit, à des chevilles plantées dans le mur pendaient quelques méchantes hardes. Du côté opposé, il y avait un mauvais cabinet tout troué par les vers, auquel il manquait un tiroir, et dont un pied pourri était remplacé par une pierre plate. Dans le fond la maie où l'on serrait le chanteau, (miche de pain) ; sous la maie une tourtière pour faire les miches, et à côté un sac de méteil à moitié plein, posé sur un bout de planche, pour le garder de l'humidité de la terre. A l'entrée, près de la porte, était dressée l'échelle de meunier qui montait à la trappe du grenier, et sous l'échelle, un pilot de bois pour la journée. Dans un autre coin était l'évier, dont le trou ne donnait guère de chaleur par ce long temps de gel, et au milieu, une mauvaise table avec ses deux bancs. Aux poutres pendaient des épis de blé d'Espagne, quelques pelotons de fil, et c'était tout. La maison avait été pavée autrefois de petits cailloux, mais il y en avait la moitié toute dépavée, ce qui faisait des trous où l'on marchait sur la terre battue. »

En Lot-et-Garonne, le métayer ou fermier, ainsi que l'ouvrier agricole auquel, comme ailleurs, il peut à peu près être assimilé, vit dans une habitation se composant de deux pièces, mais celles-ci sont mal éclairées, et comme parquets, il n'y a que la terre. De loin en loin, on remplit les trous, et l'on met sur le tout une mince couche de terre glaise bien battue, qui durcit assez vite, grâce à ce climat assez sec. Tel est le sol, non seulement de la cuisine, mais de la chambre.

Le pauvre mobilier se compose de quelques chaises, d'une table, de pauvres lits *entourés de rideaux* suivant les habitudes du Midi si éloignées du régime de plein air, et justement pour se préserver soi-disant d'un léger filet d'air qui pourrait passer entre les planches souvent mal jointes qui forment le plafond. Les ustensiles sont en plus petit nombre que dans le Nord et dans l'Ouest, et souvent en moins bon état.

Que peuvent engendrer de pareilles conditions matérielles de logement au point de vue moral ?

Lorsque père, mère, garçons et filles habitent une même pièce, quelles peuvent être moralement, sans parler des conditions hygiéniques, les conséquences de ce surpeuplement scandaleux ?

Le nombre des lits est insuffisant, et l'on s'y entasse à 3 ou 4 ; souvent même, le père et la mère ne sont pas seuls, l'un ayant un fils à côté de lui, l'autre une fille de l'autre côté. Petits et grands sont ensemble ; le père et la mère se déshabillent devant leurs enfants, la sœur devant le frère, la dignité humaine peut-elle comporter de telles promiscuités ?

Et des gens qui jettent les hauts cris dès qu'ils entendent parler d'éducation sexuelle entreprise avec infiniment de tact et avec les plus hautes préoccupations morales, dans un but de défense contre le mal moral et matériel, ne se révoltent pas en face d'un semblable état de choses !

On peut se féliciter que plus de mal encore n'en soit pas résulté, mais vraiment, il est temps, pour l'honneur de notre civilisation, que des remèdes soient apportés à une situation aussi honteuse.

Dès 1912, dans le rapport annuel présenté au Président de la République au nom du Comité permanent du Conseil supérieur des habitations à bon marché, dont nous avons été chargé après la mort de notre cher et si regretté collègue et ami Emile Cheysson nous écrivions :

« En Allemagne, les plans d'aménagement de toutes les grandes villes dont trente-huit ont été exposés à Dresde, contenaient de vastes emplacements réservés à la construction de maisons ouvrières, et la plupart du temps, sous forme de cités-jardins. Ce pays si ménager de la santé de ses nombreux habitants, continue à poursuivre énergiquement l'amélioration du logement de ses travailleurs ; une grande activité, sur laquelle nous cherchons à être renseignés, s'y exerce aussi au point de vue de l'amélioration du logement rural, si défectueux chez nous comme chez nos voisins. »

Dans le rapport de 1913, nous reprenions cette question dans les termes suivants :

« Nous sommes à regret obligés de constater que toute une partie de la mission qui incombe aux sociétés de Crédit immobilier n'a pas même été effleurée. Nous n'avons atteint jusqu'ici que les villes, et surtout les grandes ; mais la loi n'a produit, dans les campagnes, aucun des heureux effets qu'on est en droit d'en attendre ; et cependant, combien il serait urgent d'entreprendre aussi cette tâche !

« On n'a point encore fait chez nous les enquêtes auxquelles on s'est livré en Allemagne, où elles ont prouvé que le logement des travailleurs ruraux est peut-être plus pitoyable encore que celui des travailleurs urbains ; mais, pour notre pays aussi, ce fait est malheureusement certain ; ceux qui connaissent nos campagnes ne le savent que trop.

« Sans doute, il y a le soleil et le grand air ; mais le taudis rural est si épouvantable avec son sol en terre battue, ses rares et toutes petites fenêtres, l'évacuation imparfaite des eaux usées, l'eau de la mare ou du puits si souvent contaminée (tandis que celle des villes est généralement pure) et la saleté inhérente à un pareil milieu, que les pauvres gens qui l'habitent ne peuvent arriver à éliminer pendant le jour, les poisons accumulés dans l'organisme par l'intoxication nocturne.

« Nous sommes persuadés que si l'on entreprenait une enquête sur quelques points de notre territoire, on arriverait très probablement à constater que la mortalité dans les taudis ruraux est plus grande encore que dans ceux qui sont déjà la honte de nos grandes cités.

« A notre époque où tant d'enquêtes sont ordonnées, celle-ci apparaît comme essentiellement utile, car il y a là, pour notre pays une des causes principales du gaspillage effréné de ce capital humain dont nous sommes à la fois si pauvres et si prodigues. »

L'enquête que nous demandions n'a point encore été faite par le Gouvernement ; elle devra être entreprise sur plusieurs points de notre territoire à la fois, dans des arrondissements agricoles très différents et par des enquêteurs consciencieux, décidés à ne rien laisser échapper des détails qui doivent être retenus.

Un de nos hygiénistes les plus distingués et les plus dévoués le Dr Cruveilhier, n'a pas craint d'entreprendre une enquête sur un point spécial : la mortalité infantile à la compagne et voici comment il en termine le compte rendu :

« En somme, la conclusion qui se dégage nettement des diverses statistiques que nous venons de résumer est que, pour ce qui concerne les enfants de moins d'un an, la mortalité est bien souvent aussi élevée et quelques fois même plus élevée à la campagne que dans les agglomérations urbaines et industrielles.

« Or, nous sommes convaincus, et nous espérons montrer ultérieurement que, plus encore à la campagne qu'à la ville, la moitié au moins des décès de la première enfance rentrent dans la catégorie de ces morts qu'il est possible et facile d'éviter. Certes, en effet, et plus encore pour ce qui a trait aux communes rurales et pour ce qui concerne les centres urbains et industriels, il est vrai de dire, avec le Sénateur Paul Strauss, que « le tribut mortuaire prélévé sur la petite enfance est en grande partie, au moins pour moitié, le fruit d'erreurs, d'ignorances et de misères, dont la source peut et doit être tarie ».

A l'appui de ses conclusions, le Dr Cruveilhier publie des statistiques d'où il ressort que, dans certaines communes rurales, la mortalité infantile jusqu'à 1 an atteint 44 pour cent.

Dans une autre enquête, il montre ce qu'il advient, dans ces maisons insalubres, lorsqu'un fils parti pour le régiment, entre à l'usine à la ville, ou maçon dans quelque grand centre, ou une fille au retour de la ville, reviennent avec le germe de la tuberculose pour reprendre leur place au foyer.

Dans une habitation aussi parfaitement insalubre, et le malade par suite des habitudes de dissimulation qui régnaient en France avant la guerre, ne sachant pas de quelle maladie il est atteint, la contagion est fatale. La chambre commune, le lit partagé avec plusieurs personnes, toutes les conditions sont réunies pour la rendre inévitable. Alors, comme cela se produit à peu près dans tous les cas où l'on se trouve en présence d'une famille habitant un taudis parents, enfants, tous sont atteints les uns après les autres, et la famille entière est dévorée par le fléau.

Ne craignons donc pas de le crier bien haut : A la campagne comme à la ville, ce qu'on appelle la contagion familiale, c'est la contagion causée par la maison maudite, par l'habitation insalubre.

Plusieurs fois, dans nos conférences, nous avons cité le cas d'une maison située dans une grande ville, habitée par 30 personnes et où, dans l'espace de 10 ans, étaient morts 97 des locataires qui y avaient vécu ; c'était une mortalité de 35 pour cent. Cet immeuble n'est pas encore abattu. Nous sommes convaincus qu'il en existe d'à peu près semblables à la campagne ; les gens résistent peut-être un peu plus longtemps, lorsque la maison est mal close et que l'air s'y renouvelle involontairement un peu mieux, mais le résultat est le même : l'extermination de la famille.

Combien il serait précieux, au contraire, alors qu'on peut sans la moindre difficulté disposer abondamment de l'air et de la lumière, de réaliser des conditions de salubrité exceptionnellement favorable !

Nous sommes heureux de dire que, dans certaines régions ou plutôt dans des régions diverses, certains propriétaires inconnus les uns des autres, mais mus par les mêmes sentiments moraux, ont réalisé de très grands progrès sous le rapport de l'habitation ; nous expliquerons plus loin comment nous estimons que ceux-ci pourront être généralisés.

La physionomie de nos villages est très différente suivant les régions et suivant le mode d'exploitation qui y est pratiqué.

Quelquefois les maisons sont groupées au centre de terrains de cultures disposés en éventail ; ailleurs, elles sont isolées et placées au centre de chaque exploitation.

Avec les toits de chaume dont la suppression tend du reste à se généraliser par suite des exigences des compagnies d'assurances contre l'incendie, il y a intérêt à séparer les maisons. Les grandes plaines d'élevage et les pâturages de montagne imposent aussi la dissémination. Nous aurons à revenir sur les conditions de salubrité désirables pour nos villages.

Nous nous sommes étendu longuement sur les maisons qu'habitent les travailleurs agricoles mariés, reste à examiner comment sont logés les jeunes gens et jeunes filles célibataires nourris à la ferme et les travailleurs auxiliaires n'habitant pas le pays où ils ne séjournent que pendant la moisson.

Les jeunes gens ou les employés plus âgés célibataires : laboureurs, bergers, vachers, charretiers, etc... sont logés dans les écuries ou dans les étables.

Au bout de celles-ci quelquefois sur le sol, même avec ou sans une planche en bordure, une grande boîte plus longue que large est posée ; le fond est rempli de paille sur laquelle on met un matelas en varech, en crin ou en laine. Les draps renouvelés tous les mois et les couvertures sont fournis par le cultivateur ; quelques hardes pendues à des clous le long du mur composent la garde-robe de l'occupant.

Quelquefois, lorsque le plafond de l'écurie est suffisamment élevé, le lit est fixé en hauteur soutenu par un poteau posant sur le sol ou cloué à une solive du plafond, à 1 m. 50 ou 1 m. 75 au dessus du pavage ; c'est un peu moins malsain.

Cependant, tous ceux qui sont entrés le matin à la campagne dans une de ces écuries où rien n'est organisé en vue d'un renouvellement quelconque de l'air savent quelle est l'atmosphère qu'on y respire.

Emanations fétides, relent ammoniacal qui vous prend à la gorge et aux yeux ; bref on est tenté de reculer et de refermer la porte. Voilà quel air respirent ceux qui sont préposés, pendant la nuit, à la garde des bestiaux et l'on entend encore dire à l'occasion que l'air des étables est excellent, et l'on a été jusqu'à prétendre qu'il était curatif pour les malades atteints de tuberculose. On a fait coucher des tuberculeux dans des étables !

Les servantes de fermes sont logées dans la maison habitée par les fermiers, quelquefois dans la même chambre que la fille de la maison, quelquefois dans une mansarde peu confortable, à moins que ce ne soit dans une petite chambre au rez-de-chaussée lorsque la maison n'a pas d'étages.

Il nous reste à indiquer comment sont logés les travailleurs embauchés temporairement, par exemple pour la durée de la moisson.

Ici, hommes et femmes travaillent ensemble ; les premiers fauchent, les secondes ramassent et forment les gerbes. Ils sont aussi logés ensemble, généralement dans des granges où quelques paillasses ou matelas sont posés par terre, à moins que ce ne soit dans des écuries ou dans des étables, inoccupées parce que les animaux sont au vert et ne rentrent pas pour la nuit.

Quelquefois il y a une pièce pour les hommes et une pour

les femmes, mais il n'en est pas toujours ainsi, et, dans bien des cas, tous habitent ensemble dans une promiscuité fâcheuse et une absence absolue de confort.

Dans quelques exploitations, il y a des bâtiments spéciaux et des installations convenables pour loger les moissonneurs, de même que certaines possèdent des chambres situées au bord de l'écurie, mais séparées d'elle, de manière à ne point y subir les émanations nocives.

Nous indiquerons plus loin comment il nous paraît souhaitable et possible d'organiser les choses de manière à ce que la morale et la salubrité aient chance d'y trouver leur compte.

L'ALIMENTATION ; LA TABLE
COMMUNE A LA FERME

Avant le logement l'alimentation tient une place prépondérante. Quelle est-elle ?

Depuis 50 ans et surtout au cours des 25 ou 30 dernières années, l'alimentation à la campagne s'est beaucoup améliorée. Il ne peut plus y être question de bouillies de sarrazin avec pain et beurre ou fromage, d'œufs à un seul repas par jour et de légumes, et de la viande seulement aux jours de fête ; partout maintenant on en mange au moins une fois par jour, et, depuis la guerre, — nous l'avons dit plus haut, — les domestiques exigent qu'on leur en serve aux deux repas.

Il y avait autrefois des jours qu'on appelait des jours à viande ; c'étaient généralement les fêtes ; le vêtement propre qu'on mettait à cette occasion était : « l'habit à manger de la viande » ; tous les jours peuvent maintenant être ainsi qualifiés.

Nous ne croyons pas exagéré de dire, qu'actuellement, on mange plus de viande à la campagne qu'à la ville, et que les fermiers profitent aujourd'hui peut-être un peu malgré eux, dans leur alimentation journalière, des exigences de leurs ouvriers.

Il ne peut en être autrement puisque, comme nous l'avons déjà indiqué, les repas se prennent en commun. Fermier, famille du fermier, ouvriers, domestiques, tous s'assoient à la même table, la fermière étant seule bien souvent debout, car c'est elle, rarement aidée par la servante, qui apporte les plats. Le fermier est généralement placé au bout de la table, et préside le repas. Aussitôt assis, chacun sort son propre couteau de sa poche, et s'en sert largement soit pour mettre quelque chose sur son pain, soit pour porter à sa bouche.

Le repas dure assez longtemps ; on mange lentement et la conversation générale ne chôme pas. Elle porte sur toutes sortes de sujets, mais revient presque toujours à la terre et à tout ce qui s'y rapporte.

LE PAIN

Le pain reste la base, excellente d'ailleurs, de l'alimentation ; sa consommation demeure fort importante et si certains hommes arrivent exceptionnellement à en manger jusqu'à près de 2 kilogs, on peut admettre, comme moyenne journalière 1 kilog. De tous jeunes gens et des femmes consomment communément cette ration. La cuisine est en général peu compliquée, mais les aliments sont sains et les parts suffisamment copieuses.

Sauf dans quelques régions éloignées et fort peu nombreuses, le pain de sarrazin ou de seigle ne paraît plus, en France, sur la table du cultivateur ; le pain fait avec de la farine de blé exactement semblable à celle qu'on emploie en ville, parfaitement blanc, mais rendu plus compact et peut-être plus nourrissant par une cuisson un peu différente, est seul consommé par les agriculteurs. Le blé est remis par eux au boulanger qui se charge de le faire moudre chez le meunier qui lui vend sa farine, et il rend en pain au fermier kilog pour kilog.

Il y a lieu de faire ressortir que, de cette manière, l'agriculteur échappe au droit de douane de 7 fr. par cent kilogs existant sur le blé et que, lorsque celui-ci joue en plein, ce qui s'est souvent produit au cours des années d'avant-guerre, le cultivateur réalise sur sa nourriture, comparativement à l'ouvrier urbain, une réelle économie. Il n'en est pas de même pour la viande, l'agriculteur ne jouissant d'aucune faveur auprès du boucher qui lui achète ses bestiaux au cours et lui revend dans les mêmes conditions la viande dont il a besoin. Cependant lorsqu'il s'agit d'un porc qui peut être entièrement consommé à la ferme, les mêmes conditions avantageuses réapparaissent.

Dans certaines régions, comme dans les villages de Savoie situés à l'altitude, où l'on ne consomme pas, pendant tout l'hiver et même pendant une partie de la belle saison d'autre viande que celle du porc tué et salé à la maison, les conditions de l'alimentation s'en trouvent très sérieusement et économiquement influencées.

A la viande et au pain s'ajoutent les légumes ; les pommes de terre presqu'aussi indispensables que le pain, les carottes, les navets, quelquefois les choux avec le lard, et aussi, pendant la saison, les légumes verts, pois, haricots ayant atteint leur pleine maturité, etc.

Comme boisson, l'eau n'est maintenant admise nulle part, c'est le cidre en Normandie et en Bretagne, le vin dans le Midi et dans certaines régions de l'Est, la bière dans le Nord et un peu dans l'Est.

On le voit : au point de vue de la nourriture un effort énorme a été réalisé pour arriver à une importante consommation de viande. A-t-on dépassé la mesure et néglige-t-on trop, actuellement d'autres denrées que beaucoup de physiologistes affirment être équivalentes et même supérieures au point de vue de la valeur nutritive réelle ? Il nous est difficile de nous prononcer d'une manière absolue, alors que certains attribuent la vigueur supérieure du travailleur anglais au bon marché des viandes frigorifiées qui affluent dans son pays de tous les points du monde, et dont il consomme 3 ou 4 fois plus que l'ouvrier français.

Le fait certain est que l'alimentation du travailleur agricole français a été constamment s'améliorant et que, surtout au cours de ces dernières années, un progrès énorme a été réalisé.

REPAS DE MOISSON, DE VENDANGES ET DE BATTAGE

De tout temps, — et l'origine de ces coutumes doit remonter à l'antiquité, — certains événements de la vie rurale ont été célébrés par des repas et des libations particulièrement copieux.

Il en est ainsi de celui qui précède immédiatement le commencement de la moisson.

En Normandie, les ouvriers et ouvrières agricoles embauchés pour couper et rentrer la récolte, se réunissent chez l'entrepreneur de la moisson, le chariot du cultivateur vient les y chercher avec ses chevaux ornés de leurs plus beaux harnais encore rehaussés d'ornements spéciaux réservés aux jours de fête.

On charge sur la voiture quelques meubles nécessaires à l'installation temporaire, puis tous y montent ensuite et s'installent sur des bottes de foin ou de pailles disposées en gradins. A l'avant sur une fourche dressée, sont pendus dindons, poulets, oies, ou gigot destinés à être mangés tout à l'heure. Il n'est malheureusement pas rare que soient attachées, à côté de ces victuailles, une ou plusieurs bouteilles d'eau-de-vie.

Lorsque tout est prêt, l'attelage s'ébranle conduit par le charretier du cultivateur et l'on avance ainsi, un ou deux des « Aouteux » sonnant de la trompe et tous chantant à tue tête en renforçant leur voix lorsqu'ils passent auprès des endroits habités.

Lorsqu'on arrive chez le cultivateur, on fait cuire les victuailles et alors commencent le repas et les libations qui durent assez tard dans la soirée et constituent une préparation peu favorable au travail du lendemain, heureux encore si l'odieux alcool n'a pas amené des disputes et des scènes de violence souvent suivies pendant le mois d'autres incidents fâcheux.

Cette fête s'appelle « le pu aisè » c'est-à-dire la partie la plus aisée, la plus facile du travail de la moisson ; en effet, on commence par fêter avant même d'avoir travaillé.

Un repas à peu près semblable au moment du retour a lieu dans les mêmes conditions pour clore les travaux et s'appelle « le caudet ».

Des fêtes de même nature, mais plus modestes, ont lieu presque dans toutes les régions de la France au retour annuel des grandes circonstances de la vie rurale. Il en est particulièrement ainsi, au moment du battage. Le personnel amené par celui-ci se joint à celui de la ferme ; la viande figure abondamment dans le menu ; chacun puise largement dans le plat et ne se retire qu'après avoir vraiment fait un repas sérieux. Cet usage est commun à toutes les régions de notre pays, et dans le Midi, en Dordogne, par exemple, ce sont de véritables festins ; les plats se succèdent, et souvent des dindes et des poulets terminent le repas ; toujours le café et malheureusement, même dans ces pays de bon vin, l'alcool.

Les réjouissances à la fin des vendanges sont à peu près de même nature ; nous regrettons dans la crainte d'allonger ce livre, de ne pouvoir mentionner certains usages spéciaux de signification symbolique et extrêmement gracieux, encore pratiqués dans quelques régions du Midi.

Dans les localités où la vigne ne constitue que l'une des cultures pratiquées, la vendange est faite la plupart du temps par les propriétaires avec les travailleurs à gages auxquels se joignent quelques voisins obligeants qui peuvent compter sur la réciprocité.

En Médoc, au contraire, où la vigne apporte de beaucoup la principale récolte, les grands propriétaires sont obligés d'avoir recours à des ouvriers étrangers qu'ils logent et qu'ils nourrissent. Ils ne traitent pas, en général à forfait comme dans le Nord et l'Ouest, mais paient à la journée.

Ils ont arrêté d'avance un certain nombre d'hommes, de femmes et d'enfants qui feront la cueillette. Ceux-ci arrivent en troupe, conduits par un chef qui s'est chargé de les rassembler. Un assez grand nombre d'entre eux viennent des Landes et sont de fort braves gens.

Avant la guerre, ils étaient payés 1 fr. par jour ; maintenant ceux qui coupent le raisin gagnent 2 fr. 50. Ils sont abondamment nourris. Le matin, saucisson, sardines à l'huile, pommes de terre bouillies, fromage, ou confitures dites « raisiné ». A midi, soupe grasse avec une large quantité de viande de bœuf et légumes variés ; la soupe des vendanges est renommée. Le soir, soupe, entre-côte grillée, avec sauce au vin et pommes de terre bouillies. Le mercredi on donne une soupe maigre avec saucisses, lentilles ou haricots pour varier ; le vendredi, morue avec pommes de terre et haricots·

Vin, bière, cidre, sont largement versés pendant les vendanges ou les mois d'août, et l'alcool s'y ajoute trop largement. Des paris sont conclus dans le genre de celui auquel assistait inopinément, derrière une haie, un agriculteur de Normandie et où triompha un de ses « Aouteux » qui s'était engagé à boire d'affilée, 12 grands verres de cidre et qui le fit.

Dans cette région un bon ouvrier était payé de 80 fr. à 100 fr. pour la durée de la moisson susceptible, suivant les conditions climatériques, de varier entre 3 semaines et un mois.

Les travailleurs y trouvaient un tel plaisir que lorsque des industriels leur offraient pour rester à l'usine une prime équivalente ou supérieure même à l'avantage que pouvait leur apporter le mois d'août, ils préféraient ce mois passé aux champs, quitte à ne pas retrouver leur place au retour.

LE VÊTEMENT, SES MODIFICATIONS.
REGRETTABLE ABANDON DES VIEUX
COSTUMES. LES TOILETTES MODERNES

Après avoir examiné les conditions dans lesquelles se nourrissent les travailleurs agricoles, voyons où ils en sont au point de vue du vêtement.

Qui de nous ne se rappelle, il y a seulement 40 ans, les travailleurs de tant de professions différentes indifféremment vêtus et en toute saison, de bourgerons de toile bleue ? Ceux des ouvriers industriels étaient généralement de toile bleue unie, tandis que ceux des ruraux étaient souvent ornés de pattes d'épaulette portant des dessins de fil blanc.

On ne se rendait pas compte au premier aspect, qu'ils portaient en dessous, d'autres vêtements, quelques fois même toute leur garde-robe, et l'on se sentait pénétré par le froid rien qu'en voyant cette ample blouse de toile si légère.

Comme chaussures, des sabots dans lesquels les pieds étaient nus ; quelques-uns n'avaient même pas de sabots et les retiraient en tout cas pour certains ouvrages. Il y en avait qui avaient des galoches, d'autres de vieux souliers éculés et troués. Dans un temps plus reculé, il n'était pas rare de rencontrer des hommes comme le font encore les nègres en Louisiane, tout endimanchés, marchant pieds nus et portant à la main leurs souliers qu'ils mettaient seument au moment d'arriver à la ville prochaine.

Les couvre-chefs variaient suivant les provinces : en Bretagne, le chapeau breton à larges bords ; en Normandie, quelquefois encore le bonnet de coton, ou comme dans le Nord, la casquette été comme hiver. Il était assez rare de voir un chapeau de paille sur la tête d'un travailleur, en tous cas, il n'arrivait entre ses mains que bien défraîchi. Les enfants allaient généralement tête nue.

Dans d'autres régions, le vêtement uniformément porté par tous était de futaine ou bien de droguet avec lesquels on faisait pantalons aussi bien que vestes. Celles-ci bientôt blanchies aux coudes et sur les épaules à l'endroit où portait le sac, décolorées et tachées, s'usaient assez vite ; raccommodées au hasard des morceaux qu'on avait sous la main, elles prenaient bientôt un aspect lamentable.

Trop de travailleurs loqueteux, n'étaient plus vêtus, suivant l'expression d'un auteur célèbre, que de haillons composés de trous entourés d'un peu d'étoffe. Des bonnets de coton sales et troués ou de vieux chapeaux ronds avachis par la pluie, décolorés par le soleil aux bords déchiquetés. Dans les sabots quelquefois de la paille tressée ou du foin.

Plus tard au XIXᵉ siècle, les femmes eurent presque

toutes, hiver comme été des caracos et des jupes d'indienne ; dans certaines régions cependant la jupe continua à être de droguet. Comme manteau de grandes capes de bure, rarement de drap, munies d'un capuchon recouvrant de l'ouate fabriquée avec des déchets de coton à moins que leurs moyens leur permettent un fichu de laine. Quelquefois elles avaient des fichus faits d'indienne.

La laine produite par la tonte des moutons était filée et tissée pendant l'hiver à la veillée. Des carrés de terre exigus cultivés en chanvre et en lin donnaient la matière première nécessaire pour la confection du linge et des draps taillés dans ces toiles tissées à la maison, d'une solidité et d'une résistance à l'usage à peu près inconnues aujourd'hui, mais dont le contact sur la peau ne devait pas être agréable.

Bien avant que le Nord de la France soit arrivé à produire une grande quantité de tissus légers en laine ou en coton qui, peu à peu remplacèrent l'indienne dans une large mesure, on fabriquait en Savoie une espèce commune de drap dont la trame seulement était en laine, et dont l'emploi s'étendait très loin.

VIEUX COSTUMES

A côté de ces vêtements de travail, les seuls que les pauvres pussent se procurer, il y avait, dans toutes les familles le moindrement aisées, des vêtements qui, quelquefois, se transmettaient d'une génération à l'autre, mais ne sortaient de l'armoire que les jours de cérémonies. Taillés dans des tissus d'excellente qualité, ces vêtements affectaient en outre des formes toutes différentes suivant les provinces.

En Bretagne, les hommes portaient des vestes courtes s'arrêtant à la hanche, des culottes courtes, tombant sur de gros bas de laine. Sous la veste des gilets à deux rangs de boutons allant en se séparant vers le haut et ornés de galons brodés de soies multicolores dont les dessins permettaient aux ménagères de mettre complètement en valeur leurs talents et leur goût. Les chapeaux en feutre généralement à long poil étaient ronds, retroussés et ornés d'un ruban assez long qui pendait par derrière.

Les femmes en robes généralement noires ornées de petits galons de velours, dont les corsages laissaient le cou légèrement découvert, avec cols blancs de simple toile ou de fine dentelle, rabattus en arrière. Comme coiffures, des coiffes blanches de formes très différentes suivant qu'on était de Nantes ou de Brest, ou de Saint-Brieuc, mais toutes seyantes et originales, quelques-unes de fort belle dentelle. Qui ne se rappelle les anciens bonnets normands, les coiffes cauchoises, ou les petits bonnets des filles d'Arles merveilleusement brodés ?

Comme chaussures, des sabots, plus ou moins sculptés suivant la situation de la famille, quelques-uns fort jolis.

En Normandie le costume des hommes était beaucoup moins intéressant, mais celui des femmes était charmant : la jupe assez longue avec de gros plis à la taille, le corsage recouvert d'un fichu légèrement ouvert par devant pour laisser voir un de ces beaux bijoux pendants, en or, en vermeil ou en argent, connus sous le nom de Croix Normandes. La coiffe variait un peu suivant les régions ; celle du pays de Caux qui était portée dans une grande partie de la province était serrée à la tête, assez haute, et s'en allait légèrement penchée vers l'arrière et en s'amincissant, terminée par un fond rond, souvent fort bien brodée. Ces coiffes étaient faites de tissus fins et de dentelles.

Comme manteau, on portait la cape, grand manteau sans manches, tombant presque jusqu'aux pieds, et muni d'un capuchon qui pouvait couvrir toute la tête, ou être rejeté en arrière où il prenait la forme gracieuse d'une coquille.

Inutile de décrire les costumes Flamands avec lesquels les grands maîtres de cette école ont familiarisé tous ceux qui regardent des tableaux ou des dessins.

La Lorraine avec ses petits bonnets légers qui se plient aux caprices de la chevelure, l'Alsace avec ses beaux grands nœuds noirs empreints d'une certaine gravité et qui font mieux encorent ressortir l'expression franche et gaie des jolies figures qu'ils encadrent, ont trouvé le meilleur complément de ces toilettes aux couleurs vives et gaies, avec les jolis tabliers à bavettes, les bas blancs bien tirés, et les fins souliers noirs à boucles.

Comme la cocarde tricolore fait bien sur ces grands nœuds noirs ; et avec quelle joie on l'y pique, avec quelle fierté on la porte !

Le Dauphiné et la Provence n'offrent pas une moins grande variété et Arles mérite dans cette partie du Midi, une mention spéciale, avec ces toutes petites coiffes posées seulement sur le chignon aminci de ces magnifiques chevelures sombres qui encadrent de si jolis visages aux traits exceptionnellement purs, éclairés de beaux yeux bleus.

Le vêtement noir recouvre des formes semblables à celles que les statuaires grecs et romains ont prises comme modèles, et de tout l'ensemble émane une impression de haute et rare distinction.

La Gascogne aussi avait son costume régional ; il n'en reste plus guère que l'élégant foulard rouge posé en nid d'oiseau sur les cheveux bruns, et dont l'extrémité pend légèrement par derrière.

Combien c'était plus original, plus distingué et plus seyant que les horribles chapeaux à plumes omnibus confectionnés par la modiste de l'endroit !

Dans la Gironde et dans la Dordogne, beaucoup de vieilles femmes portent encore le mouchoir ou le foulard national, et mettent, pour aller aux champs de grandes coiffes dont les rebords avancent et qui s'appellent « kiss not » derniers vestiges de la domination des Anglais qu'on n'aurait pas cru aussi entreprenantes.

Les vieilles femmes filent encore la laine de leurs moutons et tricotent ensuite des bas, des chaussettes ou des chandails, pour elles et leur famille. La laine des moutons noirs est plus estimée et se paie un prix plus élevé, parce qu'elle ne nécessite aucune teinture. Ils en emploient encore pour confectionner des couvertures où ils la placent entre deux étoffes cousues ensemble.

Dans beaucoup de nos provinces, les costumes régionaux ne sont plus guère portés ; ils ont fait place pour les hommes, au banal veston, au chapeau melon ou mou, à la casquette, surtout à celle de forme ronde munie d'une visière molle de couleur grise, noire ou brune, qui nous est venue d'Angleterre et est portée maintenant par le millionnaire ou par le lord en voyage tout comme par son valet d'écurie.

Doit-on regretter l'abandon de ces costumes spéciaux à nos diverses provinces qui en augmentaient l'originalité et le charme ?

Evidemment oui pour les raisons que nous venons d'indiquer et aussi parce que la concurrence, au lieu de s'exercer par le fini d'un travail de broderie et par le goût qui le domine, a maintenant pour domaine le luxe criard et le mauvais goût. C'est trop souvent à celle qui aura le chapeau le plus voyant, le plus surchargé d'ornements, et la robe ou le manteau à l'avenant.

Non seulement ces nouvelles coutumes dépravent le goût public, mais tous ces objets destinés à faire de l'effet coûtent fort cher et leur achat pèse lourdement sur le budget du travailleur agricole sans que cela soit compensé par un avantage moral, social, ou matériel, quelconque, pas même l'impression d'une plus grande égalité de situation.

Certains ont voulu voir dans l'abandon de ces antiques coutumes, une preuve sérieuse de la désaffection pour la terre ; nous ne saurions les suivre dans cette voie. Le paysan a voulu être habillé comme son propriétaire ; en cela comme sur tant d'autres points il l'a imité. Si celui-ci avait gardé le costume de sa province, il l'eut aussi conservé ; mais ce n'est pas le cas. A peine connaissons-nous un député qui, fervent régionaliste, a toujours porté, jusqu'à maintenant, le gilet de sa province. Le paysan a renoncé à des coutumes qui certainement avaient une agréable saveur de terroir, lorsque ceux qui lui servent de guides l'ont fait eux-mêmes ; il n'a pas renoncé à la terre elle-même qu'il continue à aimer et dont il recherche la propriété. Ce sont, à notre avis, de tous autres motifs qui l'en ont éloigné. L'un des plus importants a été l'exiguité des salaires.

BUDGET DES TRAVAILLEURS AGRICOLES :
DIFFICULTÉ DE L'ÉTABLIR EXACTEMENT

Nous avons parlé plus haut de la modicité des gains des travailleurs agricoles. Est-il possible d'abord d'évaluer l'importance de ceux-ci avant d'examiner comment il les emploie ?

A vrai dire, ce n'est pas aisé, car une importante partie du salaire agricole arrive presque toujours à être payée en nature, et en services réciproques assez difficiles à évaluer exactement en francs et en centimes.

Tel travailleur agricole travaille pendant un certain nombre de journées par an pour un agriculteur, et reçoit, en échange, la permission de se servir des chevaux et des instruments de celui-ci pour labourer et cultiver ses terres. Tel autre aide son popriétaire viticulteur pendant toutes les vendanges, sa femme et ses enfants se joignent à lui, moyennant réciprocité de la part de son voisin plus fortuné.

Autrement difficile encore est l'évaluation lorsqu'une partie du travail est payée en nature sous forme de produits de la terre ou de produits d'élevage.

Certains avantages presque plus moraux que matériels sont accordés par leurs patrons à des travailleurs ; comment les évaluer ?

Quelques salaires, nous l'avons indiqué plus haut, sont payés pour partie en alcool par des cultivateurs en même temps bouilleurs de cru. Evaluerons-nous le prix de cet alcool en négligeant ou en tenant compte des droits volés à l'État ?

Pour tous ces motifs, il est bien difficile d'établir avec quelque précision en francs et centimes le budget d'une famille de travailleurs agricoles.

Dans les milieux agricoles autorisés on avait considéré,

au commencement de ce siècle, comme assez près de la vérité, pour une famille de 4 personnes, parents et deux enfants, les évaluations ci-dessous :

RECETTES

300 journées du mari à 1,50. . .	450 fr.
200 — de la femme à 1 fr. .	200 »
Volailles	150 »
Total	800 fr.

DÉPENSES

Logement	80 fr.
Nourriture.	430 »
Vêtements..	200 »
Total . . .	710 fr.

Il restait donc 90 fr. pour les dépenses diverses parmi lesquelles il faut compter les imprévus qui, sous une forme ou sous une autre, se reproduisent le plus régulièrement du monde. Remarquons en particulier que rien n'est prévu dans ce budget comme frais de maladie, médecin, pharmacien, rebouteux, sorcier, etc... On sera donc obligé d'avouer qu'il manquait d'élasticité.

CHAPITRE IV

CONDITION MORALE DU TRAVAILLEUR AGRICOLE

Emancipation de plus en plus grande du travailleur agricole. — Instruction : l'école primaire ; les cours d'adultes ; les écoles d'agriculture. — Les journaux. — Bibliothèques populaires. — Superstitions. — Coutumes locales. Fêtes. — Les cabarets. L'ivrognerie. — Les foires, — Sentiment de la prévoyance. L'amour de la terre.

ÉMANCIPATION DE PLUS EN PLUS
GRANDE DU TRAVAILLEUR AGRICOLE

Après ce coup d'œil rapidement jeté sur la condition matérielle du travailleur rural, examinons maintenant quelle est sa condition morale ?

Ici, nous sommes immédiatement amenés à constater que des changements considérables se sont produits, surtout au cours des 30 dernières années.

Toute trace de sujétion a absolument disparu, l'émancipation est complète, et il ne nous semble même pas exagéré de dire que, bien souvent, la situation a été retournée et que, des deux, c'est assez souvent le patron qui est le plus dépendant.

INSTRUCTION : L'ECOLE PRIMAIRE ; LES COURS D'ADULTES ;
LES ECOLES D'AGRICULTURE

L'instruction primaire aussi libéralement dispensée à la campagne qu'en ville depuis les lois Ferry, a permis aux enfants des paysans de briguer des emplois qui jadis ne leur étaient point accessibles.

Souvent ils les ont obtenus, et s'il est infiniment regrettable que nombre d'entre eux soient allés vivre à la ville une existence précaire et bornée de plumitifs qu'ils ont à tort préférée à la vie large de la campagne, il est indéniable que les rapports se sont, de ce fait, prodigieusement multipliés entre ruraux et citadins.

La création de nouvelles lignes de chemins de fer, les abaissements successifs du prix des places, ont également contribué à augmenter les relations entre la ville et la campagne.

L'enseignement primaire donné aux enfants a bientôt été complété par l'organisation de cours du soir pour les adultes ; les instituteurs ont apporté à cet enseignement post-scolaire, un entrain et un dévouement touchants que le supplément de traitement ultra-modeste ajouté à leurs émoluments serait bien insuffisant à expliquer. Tout en restant bien loin de la Suisse qui a rendu obligatoire cet enseignement post-scolaire et lui a donné comme sanction des examens qui, passés avec succès, assurent certains avantages fort sérieux, nous pouvons dire que l'œuvre est maintenant créée dans notre pays.

L'enseignement de l'agriculture n'existait jadis qu'à l'état aristocratique, non pas que les élèves s'y distinguassent de l'ensemble des enfants du pays, mais parce qu'il se bornait à un très petit nombre d'écoles assez importantes, où les frais d'études étaient trop élevés pour les petites bourses. Des écoles modestes se rapprochant des écoles primaires supérieures ont été fondées ; des crédits considérables ont été votés pour créer des bourses en permettant l'accès aux enfants de cultivateurs de condition très modeste ; des cours ont été ouverts dans les chefs-lieux d'arrondissement et, même dans quelques cantons ; des chaires ambulantes ont été instituées, et des professeurs ou des maîtresses vont de lieu en lieu faire des cours de laiterie, d'élevage des animaux de basse-cour, de tenue de la ferme, etc... etc...

Personne n'a jamais proclamé avec plus d'énergie que notre grand Ministre de l'agriculture, M. Jules Méline, la nécessité absolue de réformer (on pourrait dire de ressusciter en France) l'enseignement agricole. Avec Eugène Risler, de l'Académie des Sciences et avec M. Tisserand, il s'est efforcé de renouveler les méthodes agricoles depuis si longtemps adoptées dans notre pays et d'indiquer les progrès qui s'imposaient de toute urgence.

Dans un rapport magistral présenté dernièrement à l'Académie des sciences, puis à la Section agricole du Musée social, M. Tisserand, après avoir affirmé une fois de plus que tous les progrès importants réalisés en agriculture ont eu pour point de départ les travaux et les découvertes de la science, énumère les grands Français qui les ont accomplis.

C'est, à la fin du XVIIIe siècle, Lavoisier et sa puissante méthode d'expérimentation pour l'étude des phénomènes de la végétation des plantes cultivées ; Mathieu de Dombasle, inventeur de la diffusion pour l'extraction du sucre de betterave ; Boussingault avec ses recherches sur les végétaux et les animaux domestiques ; Liebig, Stockhardt en Allemagne ; Lawes et Gilbert en Angleterre ; Audouin, Duchartre et leurs études sur les parasites de nos vignes ; Baudement et ses méthodes pour l'alimentation rationnelle des bestiaux, et le perfectionnement de nos races domestiques, puis Becquerel, Naudin, Blanchard, Georges Ville, Deherain, Cornu, Millard, Schlœsing, etc., et enfin notre grand Pasteur, avec ses immortelles découvertes sur la pébrine de vers à soie, le charbon des espèces bovine et ovine, sur la rage, sur les fermentations du vin, de la bière, etc... etc...

. On comprit qu'en agriculture comme ailleurs la première construction à entreprendre, dans un ensemble, est celle du laboratoire, ou de la station agronomique.

En France, au commencement du siècle, il en a été créé 47.

Les Etats-Unis possèdent 55 établissements de ce genre, et leur organisation mérite d'être brièvement indiquée.

« Ils doivent se consacrer entièrement aux recherches scientifiques pour tout ce qui intéresse l'agriculture dans l'Etat où ils sont situés, et disposent, à cet effet, de laboratoires, serres, étables, écuries, jardins, champs d'expérience, et même de fermes pour les études de physiologie végétale et animale, de botanique, de zoologie, de géologie, de génie rural, de mécanique, de zootechnie, etc... »

A la tête de chaque station est un directeur de grande notoriété, au dessous duquel on trouve des chefs de service, des techniciens, des préparateurs autant qu'il est nécessaire, tous animés d'une bienfaisante émulation.

Ces 55 stations comptaient, lors de la dernière statistique connue en France :

148 chimistes ; 52 botanistes ; 48 entomologistes ; 20 bactériologues ; 7 biologistes ; 7 physiciens ; 5 géologues ; 68 agronomes ; 9 zootechniciens ; 26 vétérinaires ; 77 horticulteurs ; 17 météorologistes.

Il y avait, en outre, de savants experts en mécanique, en matière d'irrigations, etc... le tout réparti suivant les besoins spéciaux de chaque région.

Chacune recevait 75.000 fr. par an exclusivement affectés aux recherches, puis environ 25.000 fr. provenant des exploitations, des dons, legs, etc...

Un conseil local se rend compte de la gestion et de l'activité de chaque station, mais celles-ci sont, en outre, reliées entre elles et contrôlées par un service scientifique central existant au Ministère de l'Agriculture à Washington.

Une revue mensuelle analyse toutes les publications nationales ou étrangères intéressantes pour le personnel des stations.

Un bulletin mensuel indique les plus importantes applications de la science à l'agriculture.

En outre, l'Annuaire du Ministère de l'Agriculture tiré à 5 ou 600.000 exemplaires expose annuellement les travaux des stations.

En France, nos stations sont réparties très inégalement ; quelques régions en sont totalement dépourvues ; aucun lien ne les rattache entre elles ni à un centre. Pas de Conseil pour veiller sur leur fonctionnement, contrôler leurs dépenses et surtout assurer le recrutement de leur personnel, presque toujours insuffisant comme nombre.

Les grandes Ecoles d'agriculture appartiennent à l'Etat, d'autres sont des établissements départementaux ou municipaux, ou bien dépendent d'Associations agricoles ou de Facultés tout en étant plus ou moins subventionnées par l'Etat.

Les crédits accordés dont l'inscription est disséminée dans 3 services différents sont, en totalité, insuffisants, et c'est, le plus souvent, la section des recherches qui, dans ce cas, en pâtit et perd toute activité.

Tout cela manque d'organisation ; M. Tisserand demande la création d'un « Conseil supérieur des stations agronomiques et des laboratoires spéciaux de recherches », séant à Paris, composé de tous hommes compétents, choisis dans des conditions qu'il indique. Ce Conseil serait chargé de veiller au bon fonctionnement des stations et laboratoires d'agriculture, de les guider et orienter dans la voie assignée à leurs efforts, de régler leur budget et de surveiller le bon emploi de leurs ressources ;

De donner son avis sur les améliorations et réformes à introduire dans les méthodes et l'administration de chaque établissement et d'y provoquer au besoin certaines recherches ;

D'examiner les demandes de création d'établissements nouveaux et de statuer sur leur organisation ;

De dresser des listes sur lesquelles serait choisi le personnel des directeurs, chefs de service, de travaux et de laboratoires de recherches, et de proposer lui-même les récompenses, avancements, mutations et renvois ;

De provoquer au moins tous les deux ans, une réunion de tous ces savants ou artisans pour s'occuper des grandes questions d'améliorations et de progrès agricole.

Un rapport annuel de ce Conseil supérieur rendrait compte des travaux effectués, des résultats obtenus pendant l'année et de l'emploi des fonds.

Un bulletin mensuel des stations agronomiques et des laboratoires spéciaux contenant des notices pratiques serait mis à la disposition des agriculteurs.

Il serait infiniment désirable que cette organisation soit étendue à nos colonies. Comment faire ensuite pénétrer, dans les milieux agricoles, les résultats ainsi obtenus ? Comment organiser la propagande et la diffusion des découvertes utiles et bienfaisantes ?

Evidemment, en premier lieu, par l'école.

Ce sont les Gouvernements républicains qui depuis le XVIIIe siècle, ont fondé et principalement développé, en France, les institutions d'enseignement agricole.

« C'est la première République, dit M. Tisserand, qui a créé, en même temps que l'Ecole polytechnique, l'Ecole normale supérieure et les écoles départementales d'Arts et Métiers, les chaires d'économie rurale et les Sociétés d'arts, sciences et agriculture.

« La Convention a institué l'Enseignement démonstratif au Conservatoire des Arts et Métiers et celui des sciences naturelles avec leurs applications pratiques au Jardin des Plantes de Paris, lesquels furent si féconds ; c'est le Comité de salut public qui a décrété d'utilité publique la ferme expérimentale et la bergerie école de Rambouillet. »

La Restauration, Louis-Philippe, laissèrent à l'initiative privée le soin de présider au progrès agricole. Elle s'y employa d'ailleurs, puisque c'est pendant cette période qu'on voit surgir les Mathieu de Dombasle, Auguste Bella, Rieffel, Navière, etc... mais, dans ces conditions, les moyens étaient forcément limités.

La République de 1848, proclamant l'importante place réservée à la Science en agriculture et le devoir pour l'Etat de prendre la direction et le contrôle des écoles de recherches expérimentales et des fermes d'apprentissage destinées à former les hommes capables d'appliquer les découvertes, vota la loi du 3 octobre 1848 qui organisait l'enseignement agricole sur les plus larges bases.

Dans le château de Versailles fut créé le premier Institut agronomique ayant à sa tête une pléiade de savants de premier ordre. Auprès de l'école furent installées « 3 grandes fermes peuplées d'animaux des races les plus renommées de l'Europe ». Des étangs d'une superficie de 10 hectares furent consacrés à la pisciculture. Un parc d'acclimatation, de vastes laboratoires de chimie, de physique, de physiologie animale et végétale, des collections géologiques et botaniques, un service de météorologie, des collections de machines agricoles furent installés dans le voisinage. Tout cela était plus important et plus beau qu'on ne l'avait jamais vu.

Au second degré furent fondées les écoles régionales ainsi définies dans la loi : « Une exploitation en même temps expérimentale et modèle pour la région à laquelle elle appartient ».

La France devait être divisée en 20 régions agricoles et chacune d'elles devait, au fur et à mesure des ressources disponibles, être dotée d'une école régionale.

Enfin la loi institua des fermes-écoles, exploitations rurales conduites avec habileté et profit, et dans lesquelles des apprentis, choisis parmi les travailleurs et admis à titre gratuit, exécutaient tous les travaux, recevant en même temps qu'une rémunération de leur travail, un enseignement agricole essentiellement pratique.

Admis à 17 ans au moins, et au cours d'un apprentissage de 2 ans au minimum et de 3 ans au plus, les élèves formaient des ouvriers expérimentés pour conduire des machines perfectionnées et soigner des animaux de races sélectionnées. Pension et prime représentative du salaire, versées aux ouvriers seulement à leur sortie de l'Ecole, étaient à la charge de l'Etat.

Une ferme-école était prévue pour chaque département et l'on avait l'intention d'en créer aussi dans les arrondissements.

Malheureusement, en 1852, le second Empire supprima l'Institut agronomique de Versailles, « estimant que l'agriculture n'avait pas besoin du secours des sciences ». Les écoles régionales devenues impériales ne restèrent qu'au nombre de 3 : « Grignon, Granjouan transférée plus tard à Rennes et la Saulsaie, transférée à Montpellier ». Le nombre des fermes-écoles qui n'avait jamais dépassé 70, était tombé, à 29 en 1870 pour la France entière.

Tout de suite, la 3e République reprit les traditions de ses aînées. Après de sérieuses enquêtes, Teisserenc de Bort-Ministre de l'Agriculture entreprit la réorganisation de l'Enseignement supérieur de concert avec le grand directeur de l'Agriculture que fut M. Eugène Tisserand, et créa, en 1876, le nouvel Institut agronomique, dont la direction fut confiée à Eugène Risler.

Une école d'horticulture avait été fondée à Versailles fin 1873.

A Grignon, Montpellier et Rennes, l'enseignement scientifique fut développé et les bâtiments agrandis.

Des écoles nationales des industries agricoles à Douai, de laiterie à Mamirolle (Doubs) de fromagerie à Poligny, et une école ménagère supérieure pour femmes, à Grignon, furent fondées.

Chaque département ainsi que de nombreux arrondissements eurent leur professeur d'agriculture.

Un nouveau type, l'école pratique d'agriculture, fut fondé, et l'enseignement agricole devint obligatoire dans les écoles normales.

Ici, nous citons textuellement : « la loi de 1848 avait organisé l'enseignement de l'agriculture sur les bases les plus larges sans doute. La science avait son école : l'Institut agronomique ; la grande culture avait les Ecoles Nationales ; la classe des ouvriers agricoles avait, pour s'instruire, les fermes-écoles, mais cette loi avait omis un enseignement intermédiaire entre l'Ecole Nationale et la ferme-école, et c'était une grosse lacune.

« En effet, sur 3.450.000 exploitants, comme propriétaires, fermiers et métayers, plus de 3 millions cultivent moins de 30 hectares ; ces 3 millions de petits cultivateurs constituent la démocratie rurale ; ils forment la grande classe des paysans qui est l'une des principales forces du pays.

« Or, ces millions de paysans n'avaient en réalité à leur portée aucune école professionnelle pour leurs enfants ; les Ecoles Nationales leur étaient inaccessibles à raison du prix élevé de la pension et des frais accessoires ; ils répugnaient d'autre part, à envoyer leurs garçons à l'âge de 16 ou 17 ans à la ferme-école pour y servir, disaient-ils, de domestiques et pour ne pas apprendre plus que ce qu'ils pouvaient acquérir chez eux.

« Ainsi ceux qui devaient cultiver la plus grande partie du sol national étaient condamnés en quelque sorte à ne recevoir que l'instruction primaire et, à partir du jour de leur sortie de l'école primaire, ils étaient, en quelque sorte, voués au désœuvrement jusqu'à ce qu'ils aient atteint l'âge d'être sérieusement utilisables aux travaux de la ferme.

« Pour y remédier, il fallait créer un nouveau genre d'école en l'organisant pour recevoir les enfants au sortir des bancs de l'école primaire ; elle devait être d'un prix abordable, correspondant à ce que coûte l'entretien d'un enfant de 13 à 14 ans dans une famille de paysans.

« Il fallait, qu'à raison du jeune âge des élèves, le programme des études et des travaux pratiques de la nouvelle école fût réglé de façon à favoriser à la fois le développement intellectuel et les forces physiques de l'enfant, sans surmenage ni d'un côté ni de l'autre.

« Il fallait, en un mot, que ces écoles fussent de véritables petits collèges à la campagne, dans lesquels l'instruction primaire serait complétée, et où l'on donnerait une instruction professionnelle agricole mettant les élèves à même de devenir, la pratique aidant, de bons cultivateurs, capables de raisonner l'utilité et les avantages de chaque opération et d'appliquer un jour, sur le bien paternel, les principes fondamentaux de la science et une pratique intelligente, et d'être même, un jour, en état de jouer un rôle dans les conseils généraux ou municipaux du village.

« C'est là ce qu'on a essayé de réaliser avec le nouveau type d'école pratique que Gambetta, dès son origine, a dénommée « L'École des paysans. »

Programme fort simple :

Participation matérielle et pratique à toutes les opérations d'exploitation possibles à l'école ; moitié du temps consacré aux travaux de culture, aux soins à donner aux animaux, avec préparation méthodique de leurs rations. Conduite, montage et démontage des machines pour la moisson, le battage, etc... Jardinage, greffe, taille, procédés de destruction des parasites, insectes nuisibles, etc... Exercices à l'atelier de menuiserie, forge et serrurerie, en vue de la réparation et de l'entretien des machines.

Les leçons, cours, études, exercices, excursions, emploient l'autre partie de la journée.

L'enseignement est approprié au milieu et diffère suivant les régions : culture des céréales, élevage, viticulture, horticulture, exploitation maraîchère demandant naturellement une instruction pratique différente. L'étude du sol, des cultures, des animaux, des machines, est dirigée suivant les besoins locaux.

La chimie, la physique, la météorologie, la botanique, la géométrie, l'arpentage, le nivellement, avec des exercices pratiques, figurent au programme.

Deux années de cours sont généralement nécessaires pour le déroulement du programme ; cependant, les écoles de fromagerie et de laiterie gardent rarement leurs élèves plus de 6 mois, et même seulement 3 mois pour l'Ecole pratique d'aviculture de Gambais.

La population scolaire qui fréquente ces institutions est déjà suffisante pour qu'elles exercent une certaine influence sur la marche de notre agriculture ; plus elles se développeront en nombre et en population, plus notre production s'intensifiera, tout comme nos procédés d'exploitation.

Les inconvénients que peut avoir l'absence de ces enfants de cultivateurs ne sont rien à côté des avantages qui résultent d'abord pour l'exploitation paternelle et ensuite pour la leur propre, de leur séjour à l'âge de 13 et 14 ans dans les écoles pratiques d'agriculture.

Certains parents s'imposent, dans ce but, des privations,

et ils en sont largement récompensés, beaucoup plus suivraient certainement cet exemple si le nombre de ces écoles était plus considérable, ce qui permettrait d'éviter des déplacements trop coûteux et des séparations trop longues.

Quelques cultivateurs n'envoient pas leurs enfants dans les écoles parce qu'ils ne croient pas à la science, mais estiment que tout peut s'apprendre à la ferme même, ce qui est vrai seulement au point de vue routinier pratique, et ne laisse pas de place au progrès.

Il est indispensable d'intensifier notre production agricole, et l'on n'y parviendra pas sans développer l'instruction ; c'est du laboratoire que sort la source lumineuse et fécondante.

En somme, nous possédons actuellement :

L'Institut agronomique ; 3 écoles nationales d'agriculture : Grignon, Rennes et Montpellier ; 1 école nationale d'horticulture : Versailles ; 1 école nationale des industries agricoles ; 2 écoles nationales d'industrie laitière : Mamirolle et Poligny ; 1 école supérieure ménagère : Grignon ; 38 écoles pratiques d'agriculture ; 1 école pratique d'aviculture ; 5 écoles pratiques de laiterie ; 1 école pratique ménagère et de laiterie ; 1 école pratique d'osiériculture et vannerie ; 3 écoles fruitières ; 20 écoles pratiques d'agriculture d'hiver ; 8 écoles d'agriculture ambulantes.

Et comme écoles d'apprentissage :

7 fermes-écoles et 1 bergerie-école.

Dans nos Facultés des sciences, il y a 5 chaires de chimie agricole.

Nous avons 98 professeurs-directeurs des services agricoles départementaux ; 172 professeurs spéciaux ; 185 chaires dans les collèges, lycées et écoles professionnelles supérieures ; 90 chaires dans les écoles normales primaires et un certain nombre de champs de démonstration et d'expérience.

En regard de cette énumération, M. Tisserand indique ce qui existait en France avant 1870, c'est peu : 3 écoles nationales d'agriculture ; aucune école pratique ; 52 fermes et bergerie-école ; 4 chaires de facultés et 10 professeurs d'agriculture, nommés par les départements.

On voit que l'effort accompli par la 3ᵉ République a été considérable, mais l'éminent auteur de ce magistral rapport ne le trouve pas suffisant, et, avec sa haute autorité, il indique ce qui reste à faire.

En première ligne il place le développement de l'enseignement scientifique dans nos écoles d'agriculture et de tous les moyens indispensables à son efficacité ; puis l'extension de l'Institut agronomique et de l'influence de son enseignement sur tous ceux auxquels reviendra une part dans la direction et dans le développement de notre agriculture.

Il demande qu'on élargisse le rôle d'expérimentation qui échoit à Grignon, Rennes et Montpellier dans les essais en vue d'améliorer nos races d'animaux, nos variétés de plantes, et de perfectionner le matériel agricole, en harmonie avec les conditions spéciales et les produits de ces régions diverses. De même pour l'Ecole d'horticulture de Versailles.

Il insiste pour la multiplication des écoles pratiques spéciales et pour une sérieuse révision de leur programme, ainsi que pour la création d'écoles temporaires spéciales pour l'enseignement du maniement et de l'entretien des machines agricoles.

Un rapport annuel, dit-il, devrait être demandé à chaque directeur d'école sur le fonctionnement de son institution, les travaux et les recherches qui y sont réalisées, et les services rendus, ainsi qu'à tous les professeurs d'agriculture, dont il y aurait lieu, d'ailleurs, d'augmenter le nombre, tout en mettant à leur disposition, dans une large mesure, des champs de démonstration qui parlent non seulement à l'intelligence, mais aux yeux.

Comme couronnement à toute cette organisation, il faudrait un « conseil composé uniquement de membres d'une compétence éprouvée, d'une autorité reconnue, et choisis par leurs pairs, en dehors de toute influence extérieure ». Il serait assisté de deux inspecteurs généraux prélevés, s'il y avait lieu, sur le cadre des inspecteurs généraux de l'agriculture, qui visiteraient toutes les branches de l'enseignement, contrôlant et partout stimulant. Des notes seraient données, d'après les rapports et d'après les résultats des inspections, par le Conseil supérieur, qui présenterait aussi au Ministre des listes constituant de véritables tableaux d'avancement sur lesquels celui-ci choisirait les plus dignes.

M. Tisserand fixe à 24, dont 20 seraient élus par des corps désignés, le nombre des membres du Conseil supérieur ; il le divise en 3 sections et indique le programme de chacune d'elles.

Citons encore ce passage si plein de vérité : « Si on veut avoir des hommes de haute valeur, il faut les payer. Ce n'est pas avec de la demi-science, de la science au rabais, qu'on peut espérer voir nos institutions donner un rendement élevé de services.

« Or, notre agriculture a besoin plus que jamais d'obtenir un rendement considérable de tous nos savants, du personnel de nos écoles et des professeurs d'agriculture.

« L'intensification de notre production est une nécessité primordiale.

« Pour arriver à cette intensification, il nous faut accroître la force productive du travail humain, pour combattre les effets de la raréfaction de la main-d'œuvre ; il nous faut obtenir de nos machines agricoles un effet utile plus considérable.

« Il faut donner à la plante-outil, nous ne saurions trop le répéter, une force d'assimilation supérieure pour qu'elle puise davantage dans le réservoir incommensurable de force et d'énergie que les rayons solaires déversent sans relâche à la surface du globe, et dont nous n'utilisons encore qu'une trop infime partie.

« Mais combien d'inconnu à éclaircir, combien de problèmes à résoudre ?

« C'est à la science à percer les ténèbres au milieu desquelles nous vivons encore, et c'est à l'enseignement qu'il appartiendra de faire connaître les solutions acquises et les applications à en faire.

« Savants et professeurs doivent y consacrer tout leur temps, avec le dévouement qu'exigent l'avenir de l'agriculture et le relèvement du pays ; il ne faut pas pour cela qu'ils aient la préoccupation des difficultés de la vie matérielle résultant de traitements insuffisants. Comme disait Sully, il faut être avare quand il s'agit d'emplois ou de dépenses inutiles, mais prodigue quand l'intérêt du pays est en jeu. »

Nous avons tenu à citer en entier cet admirable passage, car il contient, dans un bien petit nombre de mots, les plus hautes idées qui s'imposent pour la direction de notre agriculture à tous ceux qui la veulent vraiment belle, prospère et digne de la France.

Nous nous sommes étendus longuement sur cette question de l'enseignement et particulièrement des enseignements supérieur et primaire agricoles, parce que nous la considérons comme essentielle. Cet enseignement supérieur ne constitue-t-il pas, pour l'agriculture ce qu'est le laboratoire dans tout établissement industriel bien ordonné, c'est-à-dire la pièce maîtresse, le cerveau dont les membres ne sont plus ensuite que les serviteurs ?

Souhaitons avec M. Jules Méline, qui a si souvent insisté sur ce point, qu'en dehors de l'enseignement spécial agricole, il en soit toujours donné un, quelqu'élémentaire qu'il puisse être, dans toutes les écoles primaires et plus développé dans celles de nos campagnes. Ne fait-on pas, dans celles-ci, le contraire de ce qui paraîtrait indiqué pour donner aux enfants le goût de l'agriculture ?

Les instituteurs ont-ils reçu à l'Ecole normale un enseignement agricole suffisant ?

Celui-ci leur a-t-il été donné de manière à faire naître chez eux, d'abord l'amour de la nature et ensuite le goût de l'agriculture ? ou bien est-ce comme pour la gymnastique qui est, encore maintenant, enseignée à nos enfants de manière à la leur faire prendre en horreur ?

Aux examens de sortie des Ecoles normales primaires, l'examen d'agriculture est-il confié à un professeur d'agriculture ? Le coefficient pour cette note est-il suffisamment élevé ? Envoie-t-on de préférence dans nos villages les instituteurs qui aiment la campagne ? ou n'y envoie-t-on pas simplement les moins bons, ceux auxquels il semble que l'agriculture ne mérite pas plus que toute autre partie du programme qu'on se passionne pour elle ?

Quelle différence, pour des enfants, d'être dirigés par un maître qui comprend l'importance de l'agriculture et qui l'aime ou par un véritable exilé de la ville attendant avec impatience le moment où il y reviendra !

Mais, admettons que l'instituteur rural soit tel que nous le désirons, et beaucoup sont ainsi ; qu'il ne vante pas constamment devant ses élèves les avantages qu'il attribue à la ville, qu'il ne prône pas constamment devant eux les beautés du fonctionnarisme, n'est-il pas lié par le programme imposé ?

Pourquoi n'est-ce pas en France comme dans d'autres contrées, par exemple en Belgique, où l'enfant, dès 10 ou 11 ans, est incité à choisir entre trois sections : agriculture, industrie, commerce ?

A partir du moment où sa décision a été prise, il reçoit, en même temps que l'enseignement général, des éléments d'instruction professionnelle, ressortant à la section choisie par lui. Pourquoi, le jeudi, les enfants ne seraient-ils pas conduits à la ferme voisine, où non seulement des explications leur seraient données, où l'on répondrait à leurs questions, mais où ils se livreraient à des travaux professionnels ? Heureux de mettre la main à la pâte, ils accompliraient avec joie, surtout si l'on savait le leur faire apparaître comme une récompense, ce qui, plus tard, lorsque tout d'un coup il ne faudra plus faire que cela, leur sera présenté comme une corvée.

Déjà, près de l'école enfantine, un petit jardin spécial exclusivement réservé aux tout petits serait nécessaire, et, près de l'école primaire, un autre jardin divisé en parcelles dont chacune serait attribuée à un élève qui la cultiverait en recourant aux conseils de l'instituteur. Des prix seraient décernés à ceux qui auraient montré le plus de goût et le plus d'assiduité à la culture de leur jardinet. Il y aurait là, en même temps qu'un moyen d'entretenir cet attachement à la terre qui existe presque toujours à l'origine chez le paysan et même chez un si grand nombre de citadins, un encouragement à cette spécialisation qui nous paraît si désirable.

Il va sans dire que, dans les cours d'adultes, et dans tous les programmes d'instruction post-scolaire professés dans les communes rurales, une large part devrait être faite aux questions agricoles.

Peut-être, si toutes ces modestes réformes étaient réalisées, se trouverait-il à la campagne, moins de braves cultivateurs qui veulent faire de leur fils « un écrivain » se figurant l'élever ainsi dans l'échelle sociale, ce qui est tout le contraire de la réalité.

LES JOURNAUX ; BIBLIO-
THÈQUES POPULAIRES

Ne pourraient-ils pas être plus largement utilisés pour la propagande agricole ?

Les agriculteurs, en dehors du journal appartenant à la grande presse auquel ils sont abonnés tiennent beaucoup à la petite feuille locale ; les petits fermiers et les ouvriers agricoles se contentent même généralement de celle-là. Or, les rédacteurs de ces modestes organes ont souvent bien du mal à les remplir quoiqu'ils y jouent généralement le rôle du Maître Jacques de Molière s'escrimant au « premier Paris » avec la même aisance qu'à la « Locale ».

Il est vrai qu'ils trouvent quelque secours auprès du maréchal des logis de gendarmerie et du garde-champêtre lorsqu'ils veulent bien leur communiquer les procès-verbaux dressés au cours de la semaine. Ils ne demanderaient pas mieux que d'insérer des articles courts et de style simple et clair qui leur seraient fournis par les professeurs d'agriculture de la région. On arriverait ainsi peu à peu à faire pénétrer plus facilement dans les milieux ruraux certaines idées essentielles.

Un autre élément d'instruction et en même temps de

distraction fait cruellement défaut à la campagne : c'est la bibliothèque populaire.

Il existe une société qui s'est donné pour mission de développer les bibliothèques militaires dans toutes les garnisons et jusque dans nos colonies les plus éloignées. Elle s'appelle la « Société Franklin » et elle a rendu les plus grands services, il suffit, pour être fixé sur ce point, de questionner nos poilus.

Pourquoi nos grandes associations agricoles ne fonderaient-elles pas une « Société des bibliothèques à la campagne » ? Son but serait d'obtenir qu'à la Mairie de chaque commune rurale il existe une bibliothèque populaire dont l'instituteur aurait la charge. Sans se laisser guider par un exclusivisme qui serait nuisible à l'institution même, il serait aisé d'arriver à ce que les ouvrages touchant à l'agriculture tiennent, dans le catalogue de ces bibliothèques, une place importante.

SUPERSTITIONS

Grâce à tous ces moyens judicieusement employés, non seulement l'instruction se développerait plus rapidement dans nos milieux ruraux, mais l'attachement à la terre s'y maintiendrait et l'intérêt porté à tout ce qui touche à l'agriculture aurait, nous semble-t-il, des chances de s'accroître. L'esprit scientifique (dans une mesure très modeste évidemment au début) pénétrerait dans les masses agricoles et ferait peu à peu reculer les superstitions encore si répandues dans nos campagnes.

Tous ceux qui y ont vécu savent que nos paysans vont plus volontiers chez le rebouteux que chez le médecin, et chez le sorcier plutôt que chez le vétérinaire.

Nous avons tous vu, lorsqu'un cheval avait une entorse (qualifiée de faux-écart, pourquoi faux ?) le charretier consentir quelquefois à appliquer les remèdes indiqués par le vétérinaire ou par le cultivateur expérimenté, mais aller en cachette chercher le sorcier. Celui-ci ferme hermétiquement les portes de l'écurie, puis, avec le pouce de son pied droit déchaussé, trace des signes sur le membre malade en prononçant des paroles sacramentelles.

Dans combien de campagnes ne croit-on pas encore aux « jeteux de sorts » ? Est-il exagéré de penser que, sans la crainte des lois, ces hommes injustement accusés de jeter des sorts qui font avorter les vaches ou fondre des épidémies sur les troupeaux de moutons, etc... etc... seraient souvent mis à mal ?

Lorsqu'une vache, ayant mangé de l'herbe trop abondamment couverte de rosée arrive à être gonflée, le sorcier, ou le « toucheur » après s'être livré à ses pratiques, recommande de fermer la porte de l'étable, parce que c'est avec l'air qui vient de l'extérieur que la pauvre bête se gonfle.

Il n'y a guère de régions de la France où des pratiques de ce genre ne soient encore en honneur, et, malheureusement elles ne se bornent pas aux animaux, ce qui d'ailleurs se chiffre déjà par des pertes importantes.

Beaucoup de paysans ne vont pas plus volontiers chercher le médecin pour leur femme, leurs enfants ou pour eux-mêmes que le vétérinaire pour leurs bestiaux.

Combien d'enfants n'ont-ils pas été tués pour avoir été conduits en pèlerinage, tel vendredi de mai à 5 heures du matin, à une source plus ou moins réputée, dont on boit en même temps que l'on s'y baigne et que, pis encore, on y lave des plaies ?

Nombreux sont, même maintenant, les villages où existe une matrone sachant reconnaître quel est le saint qui torture un pauvre patient. Les unes se servent de feuilles de lierre sur lesquelles elles ont tracé des signes cabalistiques ; d'autres emploient les éléments différents qui, généralement trempent dans l'eau d'un récipient. C'est d'après celui qui surnage qu'il est possible de connaître le nom du saint mécontent. Il faut alors l'amadouer en allant faire un pèlerinage à tel ou tel endroit, souvent assez éloigné pour qu'il y ait obligation à louer une voiture. Sans tenir compte de la journée de travail perdue, nous avons souvent vu des ouvriers gagnant 15 à 18 fr. par semaine dépenser tant pour payer la consultation de la sorcière ainsi que pour les autres frais 16 à 17 fr. tandis que le médecin du lieu réclamait modestement 2 fr. pour une consultation.

Parmi les braves gens qui se livrent à ces pratiques, beaucoup ne sont pas des imbéciles ; et cependant il semble que la confiance dont ils sont animés envers les imposteurs n'a d'égale que leur méfiance à l'égard de ceux qui ont quelqu'instruction et dont les études créent une présomption de savoir particulièrement applicable à ces cas spéciaux. Ils paraissent, en toute circonstance, mus par la croyance au miracle, mais ignorants ou incrédules en présence des lois naturelles que Dieu a créées invariables, et bien plus encore, des lois économiques.

N'y a-t-il pas là une lacune dans la direction de l'instruction qui leur est donnée ?

Certains arrivent à un état de crédulité inouïe ; nous avons vu un nombre important d'ouvriers qui traversaient chaque jour la lisière d'une forêt pour se rendre à leur travail, faire, pendant tout l'hiver un détour énorme, parce qu'un loustic prétendait avoir vu, un soir, un homme ayant une tête de veau.

Au rire qu'amène tout d'abord sur les lèvres le récit de pareilles sornettes, succède bientôt un sentiment de tristesse lorsqu'on songe au nombre de vies humaines que coûtent de semblables pratiques. C'est tantôt une femme qui, après la naissance d'un enfant a des abcès au sein, pour lesquels on applique des feuilles d'artichaut enduites de suif ; recrudescence du mal, épuisement ; une infection survient, c'est la mort sans que le médecin ait été demandé. Ou bien ce sont des enfants (pour lesquels les sorcières sont très souvent consultées) qu'on a conduits à une certaine distance pour faire le pèlerinage ordonné, dans une carriole découverte avec 10 ou 12 degrés de froid ; le saint est désarmé, mais une fluxion de poitrine enlève le pauvre petit.

Une femme vient chez un médecin exerçant dans un bourg

de 4.000 habitants et lui dit: « Docteur, je viens vous consulter, mais j'ai bien peur que vous ne puissiez pas me guérir.

— Pourquoi donc ? Dites-moi d'abord ce que vous avez ; où souffrez-vous ?

— J'ai un mal de saint.

— Déshabillez-vous ; je vais examiner.

— Mais, pourquoi faire puisque je vous dis que c'est un mal de saint.

— Comment voulez-vous que je me rende compte de l'état de votre sein, puisque c'est là que vous souffrez, si je ne le vois pas ?

— Mais non, vous ne comprenez pas, Docteur, reprend la brave femme, je n'ai pas mal au sein ; c'est un saint qui me veut du mal, et peut-être que vous ne saurez pas trouver lequel c'est ».

Nous pouvons garantir l'authenticité de cette anecdote, et malheureusement, nous n'avons fait que la choisir entre des quantités d'autres. On reste confondu en présence de semblables superstitions en plein XXe siècle, et dans un pays où l'instruction est obligatoire et gratuite.

Il est vrai qu'elle n'est obligatoire que dans le code et que depuis quelques années, le nombre des illettrés va sans cesse augmentant, un maire se croyant, paraît-il, obligé, pour garder son écharpe, de souscrire à toutes les erreurs et à tous les manquements de ses électeurs. Lorsque, sous l'Empire, encore bien jeune, nous étions déjà républicain, nous nous étions figuré que les maires, enfin librement élus, seraient les guides et les modèles de leurs électeurs !

COUTUMES LOCALES : FÊTES

S'il est infiniment désirable de voir les superstitions disparaître, on ne peut s'empêcher de regretter l'abandon de certaines coutumes locales, et, en particulier, de fêtes dont quelques-unes étaient charmantes.

Telle était cette « fête du Mai », ainsi nommée parce que,

le premier dimanche de ce mois, les jeunes gens du village allaient poser sur le toit de chacune des maisons où il y avait une jeune fille, un bouquet formé de branchages et de fleurs, dont la composition avait un sens qui faisait la joie des initiés. Tels étaient encore ces feux de la Saint-Jean autour desquels on dansait le 24 juin, sous des motifs très joliment composés de fleurs et qui, quelquefois avaient des formes charmantes.

On continuait les soirs suivants. Ces danses ont encore lieu le jour de la fête du village qui revient chaque année au jour qui porte, sur le calendrier, le nom du saint qui a été adopté. Il n'est guère de localité, même peu importante qui ne possède une petite place où se réunissent les habitants lorsque le garde-champêtre les appelle au son du tambour, pour entendre les communications de la Mairie.

Quelques boutiques, loteries, tirs à la carabine, quelquefois des saltimbanques des chevaux de bois, avec leur monotone musique, des balançoires, viennent s'y installer. Le soir, au son d'un violon, d'un cornet à piston et d'un trombone, on danse, et d'une manière autrement convenable que dans certains salons où prévalent les usages d'outremer.

Lorsque le village est assez important, la municipalité subventionne souvent un comité chargé d'organiser des jeux tels que courses en sacs, jeux de bagues avec seaux d'eau, exercices divers avec les yeux bandés, etc... etc... Tout cela est très amusant pour ceux qui y prennent part et en tirent un léger profit, et pour les spectateurs. Il est regrettable qu'autour de la place il y ait généralement un ou plusieurs cabarets et qu'un trop grand nombre de jeunes gens aillent y boire, de l'alcool dans une atmosphère enfumée au lieu de participer aux jeux.

Il est un usage qui a complètement disparu ; ce sont les veillées où les anciens du pays racontaient aux jeunes les légendes locales, et plus encore, les hauts faits, auxquels ils avaient pris part. Est-ce parce que qu'après la génération de la Révolution et de l'Empire, celles qui les **ont suivies n'ont vécu rien d'approchant ?** ou bien parce que

l'on ne file plus à la campagne, et qu'on y tricote beau
coup moins ? Toujours est-il que la veillée n'existe plus
on peut le regretter et particulièrement dans toute la mesure où elle a été remplacée par le cabaret, et auss
parce qu'elle créait un lien de plus entre les habitants di
village.

Et puis, y eut-il jamais héroïques épopées comparables à
celles que presque tous nos poilus peuvent aujourd'hu
véridiquement raconter ?

Constatons avec joie que si certains usages heureux ont
disparu, d'autres se sont créés ou ont reparu. Ce n'est pas
seulement parmi les habitants de nos villes que le goût si
bienfaisant des sports s'est développé au cours des dernières
années.

Dans des agglomérations peu importantes il existe maintenant des équipes de foot-ball dont l'émulation est constamment tenue en éveil par les progrès des clubs des localités voisines qui les défient dans des matchs dont les journaux locaux rendent compte d'une manière très complète.
On vient y assister des campagnes voisines et l'habitude des
jeux de plein air se développe.

Quelquefois ce sont de simples jeux de boules ou des
jeux de quilles qui retiennent le dimanche après-midi la
jeunesse du village et aussi les vieux dans leur quartier
réservé.

Certainement, le goût du sport qui, en Angleterre et aux
Etats-Unis existe pour le plus grand bien de ces pays, dans
tous les rangs de la société, se développe chez nous, et tous
les bons citoyens doivent faire les plus grands efforts pour
qu'il se généralise le plus rapidement possible.

Les fêtes locales prennent naturellement un caractère
spécial suivant les régions ; il serait trop long de les passer
en revue ; souhaitons simplement qu'au moment où les
loisirs des travailleurs vont augmenter, le nombre des distractions saines et agréables, qui peuvent leur être offertes,
s'accroisse également.

Les fêtes de famille sont les mêmes à la campagne qu'à

la ville ; elles y varient seulement d'importance dans une certaine mesure.

Le baptême y tient une place modeste, probablement parce que cette cérémonie ayant généralement lieu immédiatement après la naissance de l'enfant, la mère ne peut pas y prendre part, et la maîtresse de maison tient une telle place dans les milieux agricoles bien ordonnés que rien d'important ne peut se faire sans elle. Ajoutons que, malheureusement, dans cette ère de dépopulation, la venue d'un enfant n'est pas, dans quelques milieux, toujours considérée comme un événement profondément heureux.

La première communion est considérée partout comme une fête essentielle.

Peut-être son importance morale qui devrait être très réelle est-elle quelque peu diminuée, dans beaucoup de cas, par les réjouissances matérielles dont elle est entourée.

Toilette dont tous les détails sont l'objet d'une attention constante avant, pendant et après la cérémonie, aussi bien pour l'enfant que pour les parents et invités qui ont mis toutes voiles dehors ; repas pantagruéliques dont, malheureusement l'alcool est loin d'être exclu, de telle façon que, dans certaines régions, les prêtres ont la tristesse de constater ses effets sur quelques-unes de leurs ouailles aux offices de l'après-midi.

Là où paraît l'alcool s'entendent aussi des chansons qui, quelquefois, n'ont rien d'édifiant. Trop souvent on n'hésite pas à s'endetter pour donner à ces fêtes le plus grand éclat, et il faut ensuite de longs mois d'économie pour se libérer.

Dans un grand nombre de familles, au contraire, le côté moral de la cérémonie domine la réunion, et c'est bien la chaude affection des parents et des amis réunis autour de lui, et leur ardent désir de le voir s'élever moralement en même temps que matériellement que ressent l'enfant en l'honneur duquel a eu lieu cette réunion.

Il y a des régions dans lesquelles les fiançailles donnent lieu à une série de réunions qui comprennent un ou plusieurs repas où se retrouvent les membres des deux familles.

Pour le mariage cet usage est quasi-universel et après la cérémonie religieuse le repas est l'élément principal. Dans certains pays, il dure à peu près toute la journée comprenant une suite interminable de services. Lorsqu'ont paru sur la table, l'aloyau, le lapin, le poulet, le gigot et qu'archi repu, on espère être arrivé à la fin, apparaît tout à coup le dindon etc... etc... Il est vrai qu'il y a souvent un long intervalle entre chaque plat. On se lève de table, on fait un tour, quelquefois même on danse, puis on retourne au festin.

Presque toujours, il y a un « lendemain » et quelques fois un « surlendemain » qui n'est que la reproduction un peu atténuée du grand jour. Les mariés y paraissent, et il y a lieu de remarquer qu'ils le font avec un parfait naturel que, dans beaucoup d'autres milieux qui se croient supérieurs, on pourrait leur envier.

Des fêtes très touchantes ont lieu quelquefois pour les noces d'argent et trop rarement pour les noces d'or. Le couple se rend généralement à l'église, puis reçoit les hommages de tous les membres de la famille qui prennent ensuite part à un repas au cours duquel repassent, comme dans un cinématographe, bien des souvenirs, les uns gais, les autres cruels dont est tissée toute vie humaine.

Ce repas des noces d'or ne tarde malheureusement pas à être suivi de celui de l'inhumation. C'est un usage très répandu que, dans la maison même où est survenu le décès, les parents et amis soient conviés à un repas. Ici le psychologue a le champ libre pour se livrer à ses études. Quelle différence suivant qu'il s'agit d'enfants adorés, de parents aimés ou d'oncles tantes ou cousins choyés pour d'autres motifs ! En général, ces repas sont courts, modestes, et pénibles pour tous les assistants, car les sentiments de réelle et profonde sympathie ont leur pudeur et peuvent difficilement êtres témoignés dans toute leur spontanéité et dans toute leur sincérité en présence d'une nombreuse assistance. Ils exigent l'absolue intimité, certains même ont besoin de la lettre pour exprimer des sentiments profondément touchants et d'une délicatesse inouïe dont on ne les aurait pas cru susceptibles, parce qu'ils sont incapables de les laisser voir dans la conversation.

De ce nombre sont bien souvent nos travailleurs ruraux peu habitués à manier la parole.

Combien des nôtres qui ne les avaient jamais fréquentés ont été surpris en recevant de nos poilus qui, pour les neuf dizièmes n'étaient autres que nos paysans, des lettres où, dans une orthographe qui n'était pas toujours parfaite, étaient exprimées des pensées ni plus ni moins que sublimes !

Lorsque des familles n'ont pas le moyen d'offrir un repas même modeste, il arrive quelquefois qu'on se borne, après l'inhumation, à entrer au cabaret. Rien de plus pénible que de voir, en sortant de l'église et du petit cimetière si touchant qui l'entoure, cet autre vilain établissement qui, trop souvent, lui fait face, dans lequel de pauvres gens vont noyer dans un verre d'alcool des émotions pénibles, mais qui, si souvent pourraient être moralement bienfaisantes.

En dehors des fêtes de famille que nous venons d'énumérer, il y a, dans chaque région, des fêtes spéciales ; citons, par exemple en Normandie, la fête des Rois qui n'est autre que l'Epiphanie. Il n'y a pas, dans ce pays, de famille, si pauvre soit-elle, qui ne fasse « ses Rois ». Dès la soirée du 5 janvier, sauf pour les soins à donner au bétail, dans les fermes comme dans les établissements industriels, tous les travaux sont suspendus et la fête gastronomique commence. Les enfants placés en service au loin, qui n'ont pas demandé de congé pendant toute l'année, le réclament absolument pour ce jour là. Des trains spéciaux mis en marche depuis le chef-lieu du département, vont déposer, de gare en gare, à 40, 50 ou 60 kilomètres, les bonnes qui gagnent ensuite à pied ou par la voiture publique, la demeure paternelle. Ce jour là, le lapin auquel, depuis 6 mois on a fourni la quantité de nourriture considérable qu'il absorbe, est sacrifié, et aussi le coq qui fait double emploi dans la modeste basse-cour. Toute la famille est réunie ; on mange, on boit, on chante, mais on ne danse pas, la saison étant peu propice.

Le prochain n'est pas oublié et les enfants qui vont, de porte en porte, avec des lampions qu'un froid vent du Nord oblige à rallumer souvent, et qui chantent : « Donnez, donnez, la part à Dieu, nous vous chanterons les Evandieu, etc... etc. » voient leurs paniers se remplir de morceaux du fameux « gâteau des Rois » cadeau offert à chaque famille par le boulanger, ou d'autres friandises, à moins que ce ne soit leur porte-monnaie qui s'ouvre pour recevoir quelques sous.

Le lendemain, la fête recommence, et quelques-uns la renouvellent encore plusieurs dimanches de janvier, jusqu'au dernier, où l'on fête alors « Les Rois morts ».

Les isolés font aussi « leurs Rois », mais ils les fêtent au cabaret.

LES CABARETS : L'IVROGNERIE

Le cabaret ! Quelle épouvantable plaie sociale !

L'ivrognerie s'est considérablement développée à la campagne au cours de ces quarante dernières années, et non seulement l'ivrognerie, mais l'alcoolisme, maladie sociale qui était inconnue dans ces milieux, il y a 50 ans.

Ce développement navrant est dû à deux causes essentielles : les facilités coupables apportées à l'augmentation du nombre des cabarets et le privilège des bouilleurs de cru, don fâcheux de l'Assemblée nationale expirante. La majorité de ses membres réactionnaires, a cru, en 1876, au moment de se représenter devant ses électeurs, assurer sa réélection par cette basse manœuvre de corruption électorale. Il n'en a rien été, car la plupart de ceux qui avaient voté cette mesure néfaste n'ont pas été réélus. Mais les Républicains qui les ont remplacés ont eu le tort grave de ne pas abolir encore ce privilège injuste et malfaisant.

Parlons d'abord de la multiplication des cabarets.

Jadis, dans les petites agglomérations, il n'y avait en général, qu'un seul cabaret, situé sur la place du village. La superficie d'une commune agricole étant forcément considérable, la plupart des fermes en étaient assez distantes pour que la course parût longue ; aussi ne l'entreprenait-on guère que le dimanche et, pour les ménagères seulement le jour du marché.

On y buvait du vin, du cidre, de la bière suivant les régions, quelques liqueurs, rarement de l'alcool.

Aujourd'hui, au Nord de la Loire le cidre a été remplacé par l'alcool ; au Sud le vin par l'absinthe, jusqu'à ce que, grâce à l'initiative de nos généraux, elle ait été prohibée dès le commencement de la guerre. Et, dans ce même Midi où, dans certaines villes, l'air, à l'heure de l'apéritif était dans les principales rues empoisonné par l'odeur fade de l'absinthe, on se plaignait de la mévente du vin dont celle-ci est la pire ennemie, puisqu'elle en fait perdre totalement le goût !

Maintenant, au lieu d'un cabaret, il y en a dix éparpillés dans toute l'agglomération, qui vont s'offrir au consommateur, et telle une pieuvre avec ses tentacules, le saisir au passage pour ne plus le lâcher.

Des marchands d'alcool vont aujourd'hui par la campagne à la recherche des ouvriers les plus laborieux, et s'introduisent chez eux. Ils s'apitoient sur la modicité de leurs gains, sur les difficultés de leur existence, la femme étant retenue à la maison par le soin des enfants, et le salaire du mari étant à peine suffisant. Ils représentent à la femme combien il lui serait aisé de gagner autant que son mari sans sortir de chez elle, simplement en vendant de l'alcool.

Elle s'effraie des dépenses qu'il va falloir engager pour l'installation.

— Aucune, lui est-il répondu ; tout au plus une licence qui vous coûtera moins de 10 fr. par an ; vous avez des chaises, une table, c'est tout ce qu'il faut. Quant à l'eau-de-vie ; dès demain, notre charretier vous en apportera un petit baril ; vous n'aurez rien à lui payer.

Quand vous l'aurez vendu seulement vous nous en apporterez le montant et on vous le remplacera par un plein (même un peu plus grand si vous voulez) en reprenant le vide.

Vendu au détail, il vous rapportera 3 ou 4 fois plus que vous n'aurez à nous payer.

Et voici comment une honnête maison de travailleurs agricoles est transformée en un mauvais cabaret.

Une planche rabotée sur laquelle est imprimé en grosses lettres le mot « Débit » ou « Café » est clouée au bel arbre sur lequel sont fixés les gonds de la barrière qui ferme l'entrée du petit verger entouré d'une haie, et c'est ainsi qu'en se promenant dans la campagne, on est constamment attristé par la vue de ces odieux écriteaux.

L'excellent ouvrier ne se borne pas à attirer ses camarades et ses voisins ; il puise pour lui-même à la source ; au bout de peu de temps il est devenu ivrogne ; trop heureux si sa femme ne l'a pas suivi dans cette voie. La maison propre et bien tenue lorsqu'elle était le nid de la famille, est devenue un mauvais lieu ; les enfants ont devant les yeux des spectacles immondes et entendent les propos des ivrognes ; c'est partout le désordre et la misère.

Lorsque la dette des pauvres gens chez le marchand d'alcool atteint un certain chiffre, celui-ci fait saisir et vendre le mobilier et rentre dans ses fonds. Et voilà une famille, peu de temps auparavant honnête et heureuse, maintenant totalement perdue moralement et physiquement, car les enfants eux-mêmes garderont les tares qu'ils doivent à la faiblesse de leurs parents qui n'ont point chassé le démon tentateur au moment où il franchissait le seuil de la maison.

Il ne faut pas oublier que l'influence pernicieuse de ce cabaret s'est exercée sur la plupart des familles de travailleurs habitant aux alentours.

Comment a-t-on pu soutenir que la multiplicité des cabarets n'influait pas sur le développement de l'alcoolisme ?

Les parlementaires qui ont tenu ce langage et sont arrivés à rallier une majorité (ce qui n'est pas à l'honneur du Parlement) n'étaient pas tous allés à la campagne et n'avaient pas vu des charretiers ou d'autres gens qui, jadis rencontraient un cabaret tous les 8 ou 10 kilomètres et s'y arrêtaient, entrer maintenant tous les 2 ou 3 kilomètres dans ceux qui s'offrent à eux. Et cependant, ils avaient certainement vu nombre de leurs électeurs urbains entrer dans ces établissements qui, dans certains quartiers se touchent, ou occupent au moins une maison sur deux ; ils ne pouvaient donc pas ignorer la portée funeste des votes qu'ils émettaient.

Périsse la nation, car c'est elle qui est en jeu ni plus ni moins, plutôt que de risquer de n'être pas réélu ! Et ce lâche calcul est faux, car des Députés courageux comme M. Siegfried, ou un sénateur comme M. de Lamarzelle ont toujours fait leur campagne électorale contre le marchand de vin, et ont été réélus.

Il y a en France, en moyenne, un débit de boissons pour moins de 70 habitants. Si l'on admet qu'une famille est composée en moyenne de 5 personnes, ce qui est peu pour des centres ouvriers, il faut donc que 14 chefs de famille nourrissent un cabaretier ainsi que sa femme et ses enfants et assurent sa fortune.

Nous nous garderions bien de signaler le mal sans indiquer de remèdes. En voici deux qui paraissent aisés : Limiter le nombre des cabarets législativement, comme cela a été fait dans les pays où le souci de l'hygiène morale et matérielle des citoyens est prédominant, et élever la patente de ceux de ces débitants qui voudront continuer à vendre de l'alcool, dans de telles proportions que cette mesure aboutisse presqu'à la prohibition.

Arrivons au scandaleux privilège des bouilleurs de cru.

L'argument présenté par ses partisans est qu'on n'a pas le droit de priver un cultivateur de tirer parti de sa récolte comme il l'entend.

Or, le producteur de tabac fait-il de sa récolte ce qu'il veut? Le fabricant d'allumettes a-t-il la libre disposition de ses produits ? Le fabricant de cartes à jouer n'est-il l'objet d'aucun contrôle? Le chimiste qui fabriquait de la saccharine avant la guerre jouissait-il de toutes les libertés ?

Cet argument, le seul qui ait jamais été présenté, ne porte pas et, chose curieuse, ce sont presque tous ceux qui le soutiennent qui réclament le monopole étatiste des pétroles, celui des assurances, etc... etc...

Pourquoi faut-il que les notions les plus élémentaires d'économie politique soient aussi peu répandues dans notre pays et que tout le monde ne soit pas convaincu que l'Etat ne doit entreprendre que les services qu'il y a danger ou impossibilité de confier à des particuliers ou à des associations?

N'est-il pas évident et abondamment prouvé qu'il n'est jamais capable d'opérer dans des conditions aussi favorables, sous tous les rapports, que ceux-ci ?

N'est-il pas attristant aussi que la loi qui établit ce privilège accorde l'exemption totale de droits sur ces 10 litres d'alcool pur, parce qu'ils sont destinés à la consommation familiale ? L'alcool considéré comme un élément de la vie de famille alors qu'il ne peut en être que le destructeur !

Nous ne nous étendrons pas sur les effets meurtriers de cette loi de privilège. Les statistiques montrent que les bouilleurs de cru, en nombre infime en 1876, atteignent aujourd'hui le chiffre de 2 millions.

Nous avons vu, au cours d'une période de 30 ans, dans une région où il n'y avait pas de bouilleurs de cru, leur nombre se multiplier au point de retrouver l'alambic stationnant tour à tour chez tous les cultivateurs que nous avions comme voisins.

Naturellement, la fraude augmente en proportion du nombre des bouilleurs.

Lorsqu'un droit de 6 fr. par litre grève un produit, comment n'être pas tenté par des bénéfices importants aussi aisément réalisés ?

On n'est pas d'accord sur le prix d'un cheval ou d'une vache ; le différend est tranché par la promesse d'un petit baricot d'eau-de-vie qui sera mis dans la voiture caché sous 4 bottes de foin lorsque l'acheteur viendra prendre livraison de la vache, et il accorde les 10 ou les 20 francs en discussion

Tout le monde sait que, dans certaines régions, l'appoint du salaire journalier était fourni par un litre d'eau-de-vie distillée à la ferme.

Les résultats d'un pareil fléau social n'ont pas tardé à apparaître ; diminution de la natalité, générations inférieures physiquement et moralement, jeunes gens incapables de remplir leurs devoirs militaires, jeunes filles d'intelligence réduite, bref la race en train de s'amoindrir et de s'éteindre.

Qu'attend le Parlement dont tout dépend, pour agir ?

Remarquons que les pouvoirs des inspecteurs du Travail chargés de surveiller les conditions de travail des enfants et des femmes dans les établissements industriels s'arrêtent au seuil du cabaret ; alors que nulle part une surveillance sévère ne serait plus indispensable.

Avant de clore ce chapitre sur le développement de l'alcoolisme dans nos campagnes et sur les moyens de lutter contre ce fléau, rappelons-en un qui est à la portée de tous et qui constitue un devoir pour chacun de nous, c'est de donner l'exemple.

Le temps n'est plus de prêcher et de dire « Faites ce que je dis et non pas ce que je fais ». Les seuls conseils qui ont une portée sont ceux qui sont basés sur un exemple.

Si le travailleur sait — et il le sait très vite — que la bouteille d'eau-de-vie paraît chaque jour sur la table du patron, tout ce qu'on lui dira à ce sujet sera sans effet.

On pourra regretter que les jeux de plein air, le bouchon, le jeu de palets, le jeu de boules, les quilles, etc... soient remplacés par la station dans le cabaret enfumé et par les cartes. Si le travailleur entend raconter qu'un gros cultivateur a joué non seulement ce qu'il avait sur lui, mais le chargement de colza ou de tout autre produit que portait son chariot, puis le chariot lui-même, et enfin les chevaux, tout ce qu'on lui dira à côté sera de nul effet. De tels faits sont heureusement rarissimes, mais ils ont un retentissement énorme et profondément regrettable. Au contraire lorsqu'on lit dans les journaux que le Président de la République, tout au commencement de la guerre a proscrit l'alcool de l'Elysée, que le Roi Georges V en a fait autant au Palais de Buckingam, que le cardinal Amette ne buvait que de l'eau, cela constitue un exemple de haute conséquence, un encouragement précieux, et un grand réconfort pour ceux qui luttent contre l'alcoolisme.

LES FOIRES

Le cabaret constitue un des éléments d'attraction des marchés et des foires, et c'est beaucoup à cause de lui que quelques cultivateurs ne vont pas seulement une matinée par semaine au marché du canton, mais à tous ceux d'alentour, de telle manière que leur ferme est l'endroit où on les voit le moins. C'est non seulement le travail du maître qui fait défaut, mais aussi l'œil du maître, ce qui double ou triple la perte.

Les journaux pénètrent aujourd'hui partout et apportent les cours des céréales et de tous les produits de la ferme ; c'est le moment que choisissent certains cultivateurs pour déserter leur exploitation, alors que, jadis ils s'en détachaient si difficilement. Un déplacement inutile, même pour un homme sobre représente une dépense considérable, parce qu'il faut ajouter à la perte ce qu'on aurait gagné pendant ce temps.

Il en est de même pour les foires où il semble qu'on soit obligé de se rendre même quand on a rien à y vendre, ni rien à y acheter. Il semble que ce soit quelquefois une question de bon ton et l'on sait quelle tyrannie exerce, en France, la mode, dans tous les domaines et dans tous les milieux.

On se dérange même souvent pour moins qu'une foire, moins qu'un marché, mais, par exemple, en Normandie, pour une simple vente publique « une vendue » comme l'on dit dans le patois du pays. On s'y rencontre nombreux, et les oisifs, pour s'occuper, rendent souvent aux acheteurs sérieux le fâcheux service de faire monter les prix, quelquefois même au-dessus du cours normal.

Chaque marché conclu dans une foire donne lieu à une

visite au cabaret ; on y va même, parfois, dès qu'il est en train et c'est souvent là qu'il se termine. Il arrive fréquemment que ce soit celui dont la tête est la plus forte qui fait la bonne affaire.

C'est presqu'une offense envers celui avec lequel on traite, de refuser le petit verre offert ; à la longue, cependant, ceux, malheureusement peu nombreux encore, qui agissent ainsi, arrivent à jouir d'une estime particulière.

Le temps perdu dans ces foires et dans ces marchés est quelque chose d'effrayant ; quand donc, au moins pour les bestiaux gras, le cultivateur pourra-t-il amener, en confiance, ses animaux à l'abattoir-usine du centre le plus prochain, où ils lui seront loyalement payés au prix du tarif affiché à la porte, après avoir été consciencieusement pesés ?

SENTIMENT DE LA PRÉVOYANCE,
L'AMOUR DE LA TERRE

Il est difficile, pour les amateurs de foires et de marchés, de réaliser des économies quelque peu importantes, mais ceux-ci ne constituent encore, disons-le bien haut, qu'une exception ; l'ensemble des cultivateurs est profondément économe et animé d'un esprit de prévoyance très réel, sinon toujours parfaitement éclairé.

Le bas de laine n'est pas un mythe ; il existe encore bel et bien, et quelquefois même aux dépens de l'hygiène, de la santé, et de l'administration bien comprise.

Le cultivateur qui gagne péniblement son argent n'est pas enclin à le gaspiller : il veut se sentir assuré du lendemain, et il recherche, pour ses placements, la même sécurité que pour ses entreprises immédiates. Aussi, la terre constitue-t-elle l'emploi qu'il préfère pour ses économies. Lorsqu'il est locataire d'une ferme, le premier but poursuivi par lui est l'achat d'une autre ferme qu'il louera à autrui jusqu'à ce qu'il se trouve assez riche pour venir s'y retirer en la faisant valoir lui-même, ce qui lui permettra de conserver le contact avec la terre jusqu'à son dernier jour.

Pour lui, la terre est l'objet de grand prix et son attachement pour elle est si grand qu'il arrive souvent à la payer à des prix tout à fait exagérés. Il est naturel que les petites propriétés se vendent, à l'hectare, plus cher que les grandes, mais il arrive souvent que la différence est tout-à-fait disproportionnée. C'est que la terre ne lui apparaît pas seulement comme la richesse par excellence, mais aussi comme un placement d'une sécurité absolue. « La terre, ça ne s'envole pas » dit-il, tandis que les valeurs mobilières dont un papier est l'attestation lui semblent quelque chose de bien léger et de bien volage en présence, par exemple, d'une Révolution.

Jadis il était fréquent que le paiement d'une propriété acquise fut fait avec les ressources puisées directement dans le bas de laine. Heureusement aujourd'hui, l'usage des Caisses d'Épargne s'est assez largement répandu. Nombreux sont les travailleurs agricoles et les cultivateurs qui vont y déposer régulièrement leurs économies qui fructifient peu à peu en toute sécurité jusqu'au jour où l'achat d'une propriété se présente pour eux, dans des conditions avantageuses.

Il arrive même parfois actuellement qu'on achète en dépassant le montant des ressources immédiatement disponibles. Le Crédit Foncier est là pour combler la différence, mais, arrive la baisse sur les produits et sur les fermages, il devient impossible de payer les intérêts de l'emprunt et le désastre n'est pas loin. Heureusement ces cas sont encore rares et ne se produisent surtout presque jamais pour les modestes travailleurs qui, même s'ils n'obtiennent pas un revenu considérable des terres achetées sont encore dans de meilleures conditions que les concierges et les gens de service des grandes villes, principaux actionnaires du Panama et des maigres mines d'or.

Les bas de laine renferment une bonne part du numéraire qui existe et qu'on ne voit pas actuellement circuler en France. Nous nous rappelons, pour notre part, un cultivateur aisé, fier d'avoir marié sa fille à un instituteur, et lui

comptant, le jour même du mariage, sa dot de 20.000 fr.
tout en or.

Il ne faudrait pas croire cependant que nos petits agriculteurs si semblables aux simples travailleurs agricoles, car
ils sont souvent les deux à la fois, poussent l'esprit d'économie jusqu'à se priver du précieux concours des machines,
des engrais chimiques, etc... Les statistiques prouvent, au
contraire, que les machines se trouvent aujourd'hui proportionnellement en plus grand nombre entre les mains des
travailleurs petits propriétaires agricoles, qu'entre celles des
grands exploitants.

C'est un axiome généralement admis que l'amour de la
terre est profondément ancré dans le cœur du paysan ; nous
croyons fermement pour notre part, qu'il existe également
chez presque tous les Français et en particulier chez nos
ouvriers urbains, mais nous reprendrons cette question
lorsque nous parlerons des habitations à bon marché.

Il y a, à notre avis, une complète similitude de sentiments
entre le cultivateur qui, le dimanche, avec son veston ou sa
blouse neuve, passe son après-midi au milieu de ses champs,
à regarder pousser son blé, son trèfle ou son avoine, et
l'ouvrier urbain propriétaire d'une maisonnette et d'un jardinet consacrant tout son dimanche à bêcher, semer, planter
et tailler en éprouvant infiniment plus de joie que jadis
au cabaret.

CHAPITRE V

LE SOCIALISME AGRAIRE

Théories socialistes. La doctrine de Karl Marx.

Notre paysan recherche le placement en terre non seulement parce qu'il aime cette terre au contact de laquelle il passe sa vie, mais à cause de la sécurité absolue qu'il attribue à ce mode d'emploi de ses économies.

Et cependant, une doctrine d'abord timidement propagée dans les milieux ouvriers urbains depuis une quarantaine d'années, maintenant très en faveur, a pénétré dans nos campagnes sur des points heureusement peu nombreux de notre territoire : c'est le Marxisme.

Comme tant d'autres produits frelatés, cette doctrine a été fabriquée en Allemagne par Karl Marx, mais a surtout été employée jusqu'ici pour l'exportation.

C'est que l'Allemand possède un pouvoir de démolition, *en théorie*, à nul autre pareil, Hartmann si cher à Schopenhauer arrive à cette conclusion que l'être essentiellement enviable est celui qui est détaché de tout, l'huître par exemple, mais lui trouve encore une tare cependant qui est d'être attachée à son rocher. Après avoir vu nos ennemis émettre de semblables idées, nous nous attendons, bons Français que nous sommes, à apprendre que ces désespérés sont allés se noyer à la rivière prochaine, à moins qu'ils ne choisissent un autre genre de suicide plus à leur goût. Il n'en est rien ; c'est à la brasserie voisine qu'ils se rendent, pour s'ingurgiter force halb-litres mélangés de wurst variées de kalb nageant dans une sauce brune nauséabonde et des montagnes de kartofeln.

Ils rient à gorge déployée de leur gros rire si distingué, au milieu des nuages de fumée d'une quantité innombrable de pipes.

C'est en France que leurs idées sont prises au sérieux et même au tragique et qu'avec notre esprit logique et romain, nous cherchons à mettre en pratique ces systèmes issus de cerveaux détraqués. Pendant ce temps, eux-mêmes travaillaient énergiquement, docilement, sous le règne d'un monarque absolu comme Guillaume II l'infâme et s'efforçaient, en 40 ans, de conquérir la suprématie dans le monde entier.

D'un côté progrès économique inoui ; de l'autre développement très ralenti, parce qu'on a réussi à exciter les sentiments d'envie et de discorde et à restreindre ainsi les fruits du travail accompli en commun.

Chez les Allemands, c'est de l'illuminisme, pure œuvre de fantaisie ; chez nous, par contre des mystiques s'emparent du système, et ont à leur tête quelques convaincus honnêtes, dont l'influence peut alors être considérable. Notre histoire montre suffisamment quelle est dans notre pays, en bien comme en mal, l'influence du mysticisme.

Nous disions plus haut, que le Marxisme était, pour l'Allemagne, un article d'exportation ; l'auteur de la doctrine ne fut pas lui-même toléré, dans sa patrie, et c'est en Angleterre, que Karl Marx a donné au monde son Evangile.

Naturellement il commence par nous faire comprendre que sa doctrine n'a rien de commun avec l'idéalisme et l'empirisme « français » mais que, comme tout ce qui est allemand, elle est uniquement établie sur des bases scientifiques et purement réalistes ; c'est donc indubitablement la vérité. Quelle est cette doctrine ?

Ne se préoccupant pas d'expliquer comment le progrès moral s'est produit dans le monde. comment le Christianisme a pu triompher, en Occident, comment l'esclavage a pu être supprimé, comment l'esprit de solidarité a pu se développer au point qu'un nombre toujours plus considérable parmi les forts trouvent leur bonheur à travailler pour les faibles, il base tout son système sur la philosophie qui a été tirée des travaux de Darwin.

Il admet comme indiscutable que la lutte pour la vie est le principe essentiel qui domine sur la terre, et dans tous les domaines.

La conséquence de cette lutte pour la vie, voulue par la nature, est la sélection des espèces.

Cette sélection s'opère uniquement par la force et par la violence.

Les petits et les faibles, hors d'état de résister à la force, sont supprimés.

Telle est la loi fatale, dit-il.

Il va plus loin et proclame celle-ci bienfaisante, parce que conforme à celle du progrès biologique.

Passant alors aux sociétés humaines, il estime que, là aussi, c'est la force qui est à la base de toute société et de tout progrès ; c'est elle qui a présidé à leur fondation et à leur développement.

Il n'y a pas à se préoccuper des faibles, des impuissants et des parasites ; ils doivent disparaître. Ils sont en marge de l'évolution ; leur existence est un défi à la science et à la logique réaliste.

Nous sommes bien en plein matérialisme, en pleine Allemagne ; les aspirations morales, les sentiments affectifs existant à des degrés divers chez toute créature humaine ne sont même pas mentionnés ; il n'y a pas lieu d'en tenir compte.

Quelles conséquences le réformateur allemand va-t-il tirer de ces prémisses au point de vue de la reconstruction de la société moderne ?

Les voici :

Dans la société actuelle, les questions économiques priment toutes les autres ;

Le point essentiel de toute la question économique est la production ;

Le producteur est donc le seul élément utile dans la société.

Or, d'après Karl Marx, l'unique producteur c'est l'ouvrier.

Donc, tout ce qui n'est pas ouvrier constitue du pur parasitisme et doit disparaître.

En attendant cette élimination fatale, l'ouvrier, seul producteur, seul indispensable, doit occuper la place prépondérante et dominer d'une manière absolue le système social.

Arrachons donc violemment ces parasites : capitalisme, bourgeoisie, etc... pour revenir à l'ordre scientifique et réaliste allemand.

Instituons l'autocratie ouvrière qui établira par la Force le socialisme et le collectivisme.

Comme moyen de réalisation, l'unique lutte de classes, ce qui n'a pas de sens en France où, à la vérité, il n'en existe pas, et encore moins en agriculture, où, entre le petit cultivateur et le travailleur agricole, il n'y a pas à proprement parler de différence.

Naturellement cette lutte des classes doit être constamment entretenue par l'excitation de tous les bas instincts et les mauvais sentiments que contient l'âme humaine, et en particulier l'envie.

On n'explique pas comment, lorsqu'on sera arrivé à l'égalité des conditions, tous les hommes seront également intelligents, également beaux, également bons et également aimables, et comment, de ce fait, l'envie et la jalousie pourront être supprimées.

Voilà le Marxisme brièvement résumé. C'est la suppression de tout idéalisme générateur du progrès humain et l'établissement de la domination du bas matérialisme, chemin le plus court vers la barbarie.

Remarquons que si l'on remplace dans ce système, l'ouvrier par le peuple élu, et si on le transpose dans le domaine international, son identité avec le pangermanisme saute aux yeux.

Guillame II n'a cessé de proclamer que l'Allemagne était le peuple élu supérieur à tous les autres, qu'il avait la force, que, par la violence, il supprimerait les petits et les faibles, pour établir ensuite le règne de la justice, comme il la comprenait.

Il entendait dominer les autres peuples universellement regardés comme inférieurs, les coloniser ; et ceux qui seraient incapables de s'adapter à la Kultur Allemande devraient disparaître.

Sommes-nous assez loin de la magnifique doctrine de la solidarité si magistralement exposée par M. Léon Bourgeois, dont toute la vie est actuellement consacrée à la réaliser le plus possible dans les faits, et de l'Évangile où, pour la première fois elle a été proclamée?

Celui-ci apprend, au contraire, à se pencher vers les faibles, à diminuer leurs douleurs, à les aider, à les consoler et à adoucir leur vie rendue malheureuse par les injustices naturelles, ou quelquefois sociales.

Voilà, croyons-nous, la vraie manière de s'efforcer de se rapprocher de la Justice dans le monde.

Ajoutons que le Marxisme n'admettant pas la propriété individuelle, le sol appartiendrait totalement à l'État qui en dirigerait l'exploitation.

Ici, une expérience récente vient illustrer la théorie, le bolchevisme n'a pu se maintenir en Russie qu'en conférant le droit de propriété aux paysans auxquels il a distribué la terre.

C'est uniquement grâce à cette mesure qu'un nombre encore plus grand de Russes ne sont pas morts de faim.

Toujours est-il que, depuis le commencement du siècle, cette doctrine simpliste et si habile à flatter les instincts les moins élevés de l'être humain s'est largement répandue dans les milieux ouvriers dirigeants de nos villes.

Depuis 1904 ou 1905, on peut dire que le principe de la Lutte des Classes est devenu l'Evangile des militants de la C. G. T., le catéchisme de nos socialistes et un véritable *credo* obligatoire pour tous ceux qui se soumettent à l'unification.

Nous sommes loin des Proud'hon, des Louis Blanc, et de leur sentimentalité élevée, d'essence toute française.

La prédication de ces doctrines, l'absence d'une contre-partie qui en montrerait aisément l'inanité, les flatteries prodiguées au contraire à ceux qui sont supposés disposer d'un pouvoir électoral important, nous ont amenés à l'état où nous sommes.

Il est évident le devoir qui s'impose à tout être humain de travailler constamment à améliorer la condition de son semblable, de s'efforcer, dans toute la mesure où c'est possible, de diminuer les effets des inégalités naturelles ; mais la lutte des classes est bien incapable de réaliser cet idéal.

Elle crée ou elle excite la haine. Or la haine est stérile ; l'amour seul est générateur. L'expérience nous prouve d'une manière indiscutable que les peuples riches sont les plus avancés dans l'évolution sociale ; c'est chez eux, aux Etats-Unis, en Angleterre, et disons-le, en Allemagne avant la guerre, que la situation des travailleurs était la plus enviable. Comment pourrait-on améliorer la situation des uns ou des autres après avoir commencé par détruire la fortune publique ?

Si l'on s'associe, au contraire, pour créer de nouvelles richesses, chacun doit y trouver largement son profit. Il est alors tout naturel que le travailleur manuel réclame sa part comme le travailleur intellectuel, comme le capital qui représente du travail accumulé par l'économie, l'intelligence et l'ordre.

Le marxisme n'a jusqu'ici trouvé qu'un nombre infime de disciples dans l'agriculture ; l'augmentation du nombre des petits propriétaires en est une preuve évidente.

Les affirmations hasardées et haineuses ont aussi, dans ce domaine, moins de prise que partout ailleurs ; patrons et ouvriers vivent constamment ensemble, travaillent en commun, impossible de faire croire aux travailleurs que les uns sont si différents des autres.

LES GRÈVES D'OUVRIERS AGRICOLES

Les ouvriers bûcherons du Centre. — Les ouvriers viticoles du Midi. — Les résiniers des Landes. — Les métayers du Bourbonnais. — Ententes entre propriétaires et syndicats.

Quelles ont été pour les milieux agricoles les conséquences de la conversion en masse au Marxisme des ouvriers urbains?

Lorsque les chefs du mouvement se sont vus à la tête d'importants groupements dans les villes, ils se sont employés à entreprendre les campagnes voisines.

Ils ont enjoint aux chefs des Bourses du Travail de lancer leurs meilleurs propagandistes à la conquête des milieux agricoles.

Disons-le tout de suite, les résultats obtenus ont été minces, à tel point qu'on a reconnu, après quelques campagnes que, pour avoir quelques chances de succès, il fallait prendre son parti de l'existence de la propriété en agriculture, pourvu qu'elle soit peu importante.

On s'est efforcé de prouver aux petits propriétaires qu'ils étaient propriétaires sans l'être, comme on dit en Normandie, et qu'ils pouvaient quand même être socialistes. On les a excités contre les grands propriétaires. Dans quelques régions on a réussi à fonder des syndicats peu nombreux de petits « propriétaires socialistes ». Dans le Midi, on arrive à des conciliations étonnantes. On est plus ou moins socialiste, mais on reste carrément propriétaire tout de même, et l'on n'abandonne rien des droits que confère la propriété, croyez-le bien.

On parvint aussi à fonder quelques syndicats ouvriers pour certaines spécialités agricoles.

Dans les grandes exploitations où le patron est presqu'un mythe, où l'on ne le voit pas, le terrain est plus favorable, et dans quelques-unes heureusement en très petit nombre il s'est produit des grèves. Il en est advenu aussi dans quelques fermes où, au moment de la récolte ou des vendanges, on a recours à des ouvriers saisonniers ; Belges, Polonais, Italiens, Espagnols, etc... ou encore parmi les bûcherons qui ne savent souvent pas pour qui ils travaillent.

Lorsque les ouvriers ne vivent pas en contact avec leur patron, ne peuvent pas lui parler, et n'ont affaire qu'à un sous-traitant ou à un employé peut-être dénué du sens social, il arrive quelquefois que des situations lamentables existent et restent inconnues du chef qui, d'ailleurs, a tort de ne pas s'en préoccuper, car quiconque fait travailler a charge d'âmes.

LES OUVRIERS BUCHERONS DU CENTRE

En 1891 et en 1892, dans la Nièvre et dans le Cher, des ouvriers bûcherons réduits absolument à des salaires de famine (ils n'étaient pas nourris et ne touchaient cependant que la somme infime de 0,75 par journée de travail) formèrent des syndicats et se mirent en grève.

Ils s'étaient placés uniquement sur le terrain professionnel en dehors de toute action politique. Leur cause était trop juste pour qu'ils n'obtinssent pas satisfaction, et, après quelques entrevues entre patrons et ouvriers, leur salaire fut porté à 4 et 5 fr.

Dans le Midi, au contraire, qui nous fournit si généreusement tant d'hommes politiques, il était impossible que la politique ne jouât pas un rôle important.

LES OUVRIERS VITICOLES DU MIDI

En 1903, après une longue période de privations imposées aux travailleurs de la vigne par suite d'intempéries désolantes et d'une durée exceptionnelle, les excitations des

politiciens qui n'avaient pu conquérir un mandat au cou[rs]
des élections de 1902 et qui s'étaient bien promis d'être pl[us]
heureux en 1906, amenèrent une grève qui prit un r[é]
caractère de gravité.

Il y eut de sérieuses atteintes à la liberté du travai[l]
même envers les propriétaires gardés à vue et empêchés [de]
se rendre à leurs vignes. Des plants furent arrachés. L'excit[a]
tion dura quelque temps, et l'on se rappelle les manifest[a]
tions dirigées par le rédempteur (?) Marcelin Albert qui, pl[us]
tard finit de façon si prosaïque, on pourrait même di[re]
comique. Les syndicats se fondèrent, puis s'unirent en u[ne]
Confédération générale vinicole ; les uns et l'autre so[nt]
actuellement en pleine décadence.

A la veille des élections de 1906, des syndicats firent le[ur]
apparition en Seine-et-Marne et dans l'Aisne où existent d[e]
grandes exploitations consacrées à la culture de la betterav[e]
et des grèves bientôt suivies de violences se produisiren[t]
Des tentatives ont été faites, dans le même but au cours [de]
ces dernières années.

LES RÉSINIERS DES LANDES

Il y eut également une grève parmi les ouvriers résinie[rs]
des Landes dont les salaires étaient très faibles.

LES MÉTAYERS DU BOURBONNAIS

Dans l'Allier une grève, non pas d'ouvriers, mais d[e]
métayers, s'éleva parce que, là aussi, le propriétaire, co-mé[]
tayer était devenu un mythe, et s'était fait remplacer par c[e]
qu'on a appelé un fermier-général, intermédiaire nuisibl[e]
qui devait bien trouver quelque part son important salai[re]
et qui, pour cela était tenté de pressurer les malheureu[x]
métayers.

Les divers syndicats à tendances socialistes ont formé de[s]

Unions, et ces unions se sont agrégées en une « Union fédérative terrienne » sur le modèle de la C. G. T. qui a un organe spécial « Le travailleur de la terre ». Les tendances de ce journal sont le plus souvent anarchistes et n'ont rien de commun avec les organes qui poursuivent uniquement l'amélioration du sort des travailleurs agricoles comme de tous les autres travailleurs.

Combien, sous tous ces titres importants et pompeux de : « Grandes Unions », de « Confédération générale », d'« Union fédérative », etc... etc... a-t-on réuni d'adhérents ? Un peu plus de 40.000 et cela justifie, croyons-nous, l'appréciation générale que nous avons émise au commencement de ce chapitre.

Notre petit propriétaire agricole a gardé son bon sens et ses qualités natives.

Nos poilus qui, pour les neuf dizièmes étaient nos paysans ne se sont pas héroïquement battus pendant 52 mois dans le but de sauver la Liberté, pour aliéner la leur sous un régime qui ne leur laisserait rien à envier au tsarisme ou au kaiserisme.

Ceux qui veulent l'instaurer chez nous, montrent pour le Bolchevisme russe une sympathie qui est de nature à nous éclairer. Son chef, l'abject Lénine, jadis aux genoux des Allemands et encore animé envers eux des plus vives sympathies, a dit : « Le Tsar menait la Russie avec 300.000 hommes, je la mènerai avec 300.000 hommes » ; il y a réussi jusqu'ici, et parmi ces 300.000 espions, policiers, hommes à tout faire plus de la moitié sont, paraît-il, les mêmes que ceux du Tsar.

ENTENTES   ENTRE   PRO-
PRIÉTAIRES ET SYNDICATS

Le paysan français, maître de son bulletin de vote, n'entend plus supporter aucune dictature d'où qu'elle vienne. Son contact avec la terre lui a appris que les résultats ne s'obtiennent pas en un jour, les mots ne lui suffisent pas ; il veut des faits. Il a vu des changements fort importants se produire sous l'action bienfaisante des syndicats, des coopératives de toutes sortes fondées avec son aide et sa participation au cours des dernières années ; il a reconnu que cette voie était la plus pratique pour réaliser de nouveaux progrès. Son choix est fait.

Ce n'est pas au moment où, à la suite du Congrès national de l'agriculture tenu à Paris, la fusion s'est faite sous le nom de Confédération nationale agricole, entre toutes les grandes sociétés représentant des milliers de syndicats formés aussi bien de travailleurs agricoles que de grands et petits propriétaires, que des dissensions d'une véritable gravité peuvent être à prévoir.

La question de la journée de 8 heures qui ne peut pas être appliquée mécaniquement dans l'agriculture, — c'est une constatation évidente pour tous ceux qui ont les moindres connaissances agricoles — est actuellement l'objet des travaux d'une commission où tous les éléments patronaux et ouvriers sont en contact, et une solution pratique sortira bien certainement de cette réunion convoquée au Ministère de l'Agriculture.

Le devoir des patrons est naturellement d'aller, chaque fois qu'ils en voient la possibilité, au-devant des desiderata de leurs collaborateurs. Sur quels points principaux doit se porter leur attention et particulièrement leur effort immédiat et persévérant ?

C'est ce que nous allons examiner.

LA PROTECTION
DU TRAVAILLEUR AGRICOLE

CHAPITRE I

PRÉVENTION SOCIALE

Institutions de solidarité. — Hausse des salaires. — Protection contre
le chômage.

INSTITUTIONS DE SOLIDARITÉ

Dans les centres industriels, l'assistance contre les accidents du travail fonctionne régulièrement ; les sociétés de
secours mutuels sont nombreuses ; il y a des dispensaires ;
les hôpitaux sont à proximité ; presque partout existent des
sociétés coopératives de consommation ; les versements pour
la caisse des retraites ouvrières sont facilités ; on est même,
pour s'assurer sur la vie, sollicité par les agents des compagnies d'assurances.

Qu'existe-t-il de semblable à la campagne ?

A peu près rien.

Et l'on s'étonne de l'exode vers les villes !

Sans doute, chaque commune doit avoir un bureau de
bienfaisance, mais tous ceux qui ont vécu dans les petites
agglomérations savent combien il est, en général, malaisé
d'être admis à en recevoir les secours. Ah ! si nos finances
publiques étaient gérées comme le sont la plupart de nos
bureaux de bienfaisance, nos budgets ne serait sûrement pas
en déficit !

Et puis, en ville, l'administration, a été obligée de s'assurer
le concours, bien qu'en nombre insuffisant, de visiteurs
bénévoles qui vont voir les assistés et leur remettre les
sommes qui leur sont allouées. Cette action désintéressée
décuple l'effet moral et l'effet matériel du secours. L'inter-

vention privée se produit souvent à la campagne, mais elle est spontanée ; rarement il existe une organisation pour la provoquer et la généraliser.

Les mutualités agricoles se sont beaucoup développées au cours de ces dernières années : nous avons donné plus haut des chiffres encourageants à cet égard, mais elles s'appliquent surtout au risque d'incendie, à la mortalité du bétail, au risque de la grêle ou de la foudre ; le nombre de celles qui ont pour but le mieux être des travailleurs est encore bien faible.

Nous nous sommes laissé dire que tel candidat à un poste électif, habitant le chef-lieu de canton, avait fondé, tout à coup, un an avant les élections, dans quantités de communes de sa circonscription, des sociétés de secours mutuels. Il y avait eu collations bien arrosées, allocutions, etc... Pendant deux ans les indemnités avaient été payées, mais cela avait duré juste le temps d'une lune de miel électorale. Un ancien habitant revenant dans le pays quelque temps après, avait appris la disparition de ces sociétés en même temps que leur création.

Dans quelques localités privilégiées il y a d'importants propriétaires, quelquefois de vieilles familles, depuis longtemps fixées dans le pays, qui comprennent toute l'étendue de leur devoir et qui l'accomplissent de la manière la plus touchante. Souvent, ces chefs de famille ne recherchent pas les mandats ; ils les acceptent par devoir et les remplissent avec la plus absolue conscience, ne considérant pas leur tâche comme terminée lorsqu'ils en ont accompli la partie administrative.

Suivant avec soin tous les progrès agricoles, ils les appliquent sur leurs domaines, ne se bornant pas à donner des conseils à ceux de leurs concitoyens qui viennent leur en demander, mais leur offrant aussi des exemples. Ils font ainsi eux-mêmes et à leurs frais les expériences utiles dont profite ensuite toute la collectivité. Lorsque de tels hommes ont associé leur vie à une femme d'égale valeur qui sait accomplir avec une délicatesse qui n'a point été accordée à notre sexe tout son devoir social, ils créent autour d'eux une atmosphère bénie, et il fait bon habiter de semblables régions.

Ces petits pays heureux sont malheureusement d'assez rares exceptions, et il faut avouer que, dans l'ensemble de notre France agricole, la protection du travailleur rural est loin d'être suffisamment assurée.

HAUSSE DES SALAIRES

La première question qui se pose est naturellement celle des salaires.

Est-il exagéré de dire que, jusqu'à la guerre, malgré la hausse très sensible qui s'était produite au cours des dernières années, ils ont toujours été, sauf dans des cas exceptionnels, insuffisants.

Il n'en est plus de même actuellement ; ils se sont élevés, proportionnellement à tous les autres, et en outre, l'augmentation de prix des produits agricoles pèse moins lourdement sur ceux qui les récoltent et sur ceux qui sont tout près des producteurs que sur leurs concitoyens.

Il ne servirait de rien, croyons-nous, de donner ici les chiffres des nouveaux salaires ; nous avons indiqué plus haut les anciens, tout le monde sait qu'ils se sont accrus dans des proportions quelque peu différentes, suivant les fonctions, mais extrêmement considérables. Il est une catégorie pour laquelle des émoluments très élevés doivent être dès maintenant prévus ; c'est celle des mécaniciens.

Par suite de l'exode vers les villes, l'agriculture va être obligée d'intensifier l'emploi des machines et le mécanicien chargé de les diriger, de les entretenir et de les réparer va prendre dans la ferme, une importance prépondérante. Aux Etats-Unis, lorsque dans le Far-West, on coupe les récoltes, le véritable « deus ex machina » est le mécanicien. A cheval, galopant d'une machine à l'autre, il se multiplie, réparant celle-ci, arrivant à temps pour éviter l'arrêt de celle-là, faisant remplacer immédiatement telle autre.

Il faut que nos agriculteurs prévoient, de ce chef, une dépense importante et qu'ils n'hésitent pas à la faire, car elle sera éminemment productrice. S'ils n'offrent pas à leurs mécaniciens des appointements peut-être plus importants que ceux auxquels ils peuvent prétendre à l'établissement urbain voisin, ils en garderont difficilement. Si, au contraire, ils font les sacrifices nécessaires, ils trouveront certainement des hommes qui préféreront, à avantages au moins égaux, cette belle et large existence en plein air, en contact direct avec la nature.

PROTECTION CONTRE LE CHÔMAGE

Une des inquiétudes les plus vives pour le travailleur agricole est certainement la crainte du chômage.

L'agriculteur est grandement dépendant du temps qui, lorsqu'il n'est pas favorable, arrête quantité de travaux.

Pour remédier à cet inconvénient, il faudrait vraiment que le travailleur agricole ait, à sa portée, une autre occupation, également rémunératrice avec l'assurance de pouvoir écouler ses produits en tout temps. Il n'en a été ainsi que dans les régions où les travailleurs agricoles étaient en même temps ouvriers tisserands, horlogers, etc... etc... car, même pour ceux qui faisaient de la sculpture sur bois, il ne pouvait s'agir que d'un salaire d'appoint. Encore, pour les premiers, était-ce toujours sur la moisson et les travaux agricoles de l'été qu'ils comptaient pour rétablir l'équilibre de leur modeste budget.

Les conditions les plus avantageuses pour les ménages de travailleurs agricoles se rencontraient dans les contrées où existaient pour les femmes des industries domestiques telles que la fabrication de la dentelle à la main, la tapisserie, le polissage des pierres, certains travaux de confection lorsqu'ils n'étaient pas régis par le « sweating system ». On a cherché, depuis quelques années, à faire revivre ou à développer ces industries domestiques ; et, dans certaines régions, on a obtenu des résultats fort intéressants. Des hommes habitués à des travaux plus rudes, se montrent parfaitement aptes à ces ouvrages délicats, on pouvait s'en rendre compte en voyant nos soldats prisonniers en Allemagne et ensuite internés en Suisse comme malades. Non seulement à peu près tous avaient aisément appris à sculpter des joujoux, des objets divers, à relier des livres, mais beaucoup faisaient eux-mêmes des filets très fins sur lesquels ils brodaient ensuite de fort jolis dessins. D'autres faisaient des parures avec de toutes petites perles, des colliers, des bracelets, etc... qui exigeaient une grande attention et des doigts fort délicats. Tout ceci nous amène à penser que les efforts tentés dans ce sens pourraient être multipliés et intensifiés. Ce serait, croyons-nous, le meilleur moyen de lutte contre le chômage.

Jusqu'ici l'assurance contre cette tare sociale ne paraît avoir été organisée nulle part d'une manière vraiment pratique. Nous devons souhaiter très vivement qu'on y réussisse, mais on se heurtera forcément à de grandes difficultés dont la plus importante est le chômage volontaire qui peut atteindre de larges proportions et sur lequel il est extrêmement difficile d'être exactement renseigné.

CHAPITRE II

ASSURANCE ACCIDENTS

Assurance contre les accidents de travail.

L'assurance contre les accidents du travail, obligatoire
dans l'industrie depuis que la loi sur les Accidents du travail
a été promulguée, n'existe pas en agriculture, la loi ne s'appliquant pas à elle sauf dans le cas de moteurs inanimés.

Ce n'est du reste pas un fait isolé : il en est de même pour
d'autres lois et peut-être les agriculteurs devraient-ils se demander sérieusement s'il y a là un réel avantage pour eux.
Les lois d'exceptions ne peuvent pas toujours être évitées,
mais elles sont rarement bonnes.

Est-il vraiment avantageux pour l'agriculture d'être en
marge de la loi sur les Accidents du travail ? Nous ne le pensons pas. Ou le principe de la loi est juste, et il semble qu'il
devrait pouvoir être applicable à tous, ou il ne l'est pas et
la loi devrait alors être abrogée. Il nous paraît y avoir à l'état
de chose actuel deux graves inconvénients. Le premier nous
semble être qu'il constitue pour les travailleurs agricoles se
sentant moins protégés que dans l'industrie, une raison de
plus pour déserter les champs ; le second c'est qu'un motif
de récrimination ayant quelque fondement est ainsi offert
à ceux qui cherchent à jeter le trouble entre les agriculteurs
et les travailleurs qu'ils emploient et qu'il constitue un article
sérieux dans un programme de revendications dont d'autres
peuvent ne pas avoir la même valeur.

La charge ne serait d'ailleurs pas aussi lourde qu'on l'a
craint pour nos agriculteurs.

Si l'on veut bien s'appuyer encore ici sur le principe de

.a mutualité, on en atténuera de beaucoup le coût. M. Méline auquel l'agriculture a dû tant de bienfaits pourra montrer aux cultivateurs ce qu'avec M. Albert Gigot il a institué pour les industries textiles. C'est une assurance mutuelle contre les accidents du travail. Le pourcentage exigé sur les salaires est peu élevé et tous les ans, il est distribué cependant d'importantes ristournes.

CHAPITRE III

ASSURANCE MALADIE ET INVALIDITÉ

Assurance contre la maladie et l'invalidité. — Sociétés de secours mutuels.

ASSURANCE CONTRE LA
MALADIE ET L'INVALIDITÉ

L'assurance obligatoire contre la maladie n'existe pas plus à la ville qu'à la campagne.

Cette lacune sera comblée forcément dans un avenir prochain par suite du retour au sein de la famille française de nos chères provinces brutalement enlevées. L'assurance contre la maladie et l'assurance contre l'invalidité existaient en Allemagne et par conséquent en Alsace depuis de longues années déjà. Personne ne peut songer à retirer à nos frères d'Alsace et de Lorraine aucun des avantages dont ils jouissent ; notre désir unanime serait, au contraire, de leur en apporter de nouveaux. Le premier de tous est de ne plus être sous la domination allemande, et tous ont montré au-delà de toute expression à quel point ils l'appréciaient.

Nos frères retrouvés aspirent à ne faire absolument qu'un avec la Patrie Française et il est de toute évidence que le régime spécial actuellement adopté devra prendre fin aussi rapidement que possible.

Le seul moyen permettant d'arriver à l'unification désirée consiste à édicter, en France, les lois que nous trouvons justes et bienfaisantes, celles qui établissent l'assurance maladie et l'assurance invalidité le sont évidemment.

Souhaitons, que, cette fois, ces lois s'appliquent à tout

notre pays et que l'agriculture ne reste pas en marge.

Sans doute, c'est une charge importante qui s'ajoutera à beaucoup d'autres, mais puisqu'elle est supportée en Allemagne, pourquoi ne pourrait-elle pas l'être chez nous ?

Evidemment, l'Allemagne avant la guerre, s'était considérablement enrichie. L'industrie, l'agriculture et tous les organismes pouvant aider à l'augmentation de la fortune du pays étaient favorisés ; il en sera de même chez nous quand les électeurs le voudront.

SOCIÉTÉS DE SECOURS MUTUELS

En attendant, nous possédons au moins un organisme qui remplace dans une mesure malheureusement trop restreinte encore, l'assurance maladie : c'est la Mutualité.

Les sociétés de secours mutuels, moyennant une très modeste cotisation, grâce aux souscriptions annuelles de leurs membres honoraires, et aussi à l'intérêt exceptionnellement élevé, de 4 1/2 pour cent que leur servait l'Etat avant la guerre, sont, en général, dans une situation prospère.

Toutes assurent à leurs membres les soins médicaux et les remèdes quand ils sont malades et se chargent des frais d'inhumation.

Un certain nombre y ajoutent une indemnité en espèces pour chaque jour de maladie, pendant un temps déterminé.

D'autres offrent les mêmes avantages aux femmes des sociétaires et celles-là assument aussi en général les soins à donner aux enfants ; elles ne sont malheureusement pas très nombreuses.

Jusqu'à ces derniers temps, aucune société n'acceptait comme membres les tuberculeux, et ceux qui le devenaient par la suite, ne pouvaient être soignés que pendant une période limitée fixée par les statuts pour tous les malades quels qu'ils soient.

Certaines sociétés ont fondé des dispensaires et quelques

unes très importantes ont même créé des établissements hospitaliers.

Quelques-unes versent à leurs sociétaires, à un certain âge, des retraites, assez modiques jusqu'ici, mais dont le montant va sans cesse en s'accroissant.

La Mutualité s'est beaucoup développée en France au cours de ces dernières années ; il semble qu'elle compte au moins 5 millions de membres ; quelques-uns disent 6 et même quelques fois plus de 6 millions ; quoiqu'il en soit, il y a lieu de se réjouir vivement de ce développement.

En effet, l'homme qui consent à verser, chaque année, une somme fixe, afin de s'assurer des soins pour le cas où il serait malade, tout en espérant fermement qu'il ne le sera pas et, en désirant que sa souscription serve, s'il est épargné à soigner son voisin s'il est moins favorisé que lui, fait acte de solidarité. Il consent à prendre sa part d'un risque mis en commun. Il a gravi ce premier et modeste échelon du devoir social, et ceci est de grande conséquence ; il suffira maintenant de l'encourager et de l'aider à monter plus haut dans la voie ou il est entré.

Que de problèmes même des plus difficiles peuvent être résolus par la Mutualité ! Tandis que la coopération apporte la solution de tant de problèmes matériels touchant à l'organisation de l'industrie et du commerce, mais ne peut cependant s'appliquer à tout, il y a peu de problèmes sociaux qui ne puissent être résolus par la mise en commun des risques sociaux.

C'est ce qu'avait vu le comte de Chambrun, grand ami de la Mutualité, lorsqu'il fonda le Musée social, et aussi le grand et regretté philanthrope Emile Cheysson, lorsqu'il disait à des auditoires populaires : « Donnez-moi les 0,10 par jour que les plus modérés d'entre vous consacrent à leur petit verre et avec ces 36 fr. 50 par an, je me charge de vous assurer contre les risques sociaux les plus graves qui vous menacent. »

Les Sociétés de secours mutuels, en même temps qu'elles augmentaient en nombre, se sont-elles rapidement engagées dans la voie du progrès ?

Nous ne croyons pas exagéré de répondre que si le nombre de leurs sociétaires s'est largement accru, les services rendus par elles n'ont pas suivi la même courbe ascendante.

Les uns s'en prennent à la loi qui ne leur permet pas de disposer librement du fonds commun et qui les force à l'alimenter par une trop forte proportion de leurs recettes.

Sans doute, ces réclamations sont justes, mais il n'en reste pas moins vrai que les sociétés ont en général été insuffisamment soucieuses de prendre des initiatives qui leur étaient offertes. Combien y en a-t-il qui ont fait comprendre à leurs membres que s'il était bien de s'assurer des soins en cas de maladie, c'était encore mieux de les assurer aussi à sa femme et à ses enfants ? C'est une idée excellente de ne pas vouloir être à charge à sa famille lorsqu'on est malade, mais combien on s'élève davantage moralement en consentant à travailler un peu plus chaque jour afin de pouvoir payer la modeste cotisation qui procurera à tous les membres de la famille le même avantage.

Nous ne croyons pas, pour notre part que ce revenu de 4 1/2 pour cent assuré par l'Etat aux fonds des sociétés de secours mutuels, sans que l'espoir de gagner ainsi les voix des 5 millions de mutualistes y ait peut-être été étranger, ait été réellement avantageux pour ces institutions. Il leur a permis de thésauriser sans peine, et c'est ainsi que leurs fonds commun est arrivé au chiffre énorme de 700 millions actuellement déposés à la Caisse des Dépôts et Consignations.

Combien nous semble préférable la formule italienne qui veut que l'épargne populaire retourne aux travailleurs, tel un magnifique arbre aspirant par toutes ses racines les sucs de la terre les plus généreux, et dont la splendide ramure les laisse retomber ensuite par toutes ses feuilles comme une rosée bienfaisante.

En Italie, les Banques populaires, les Sociétés d'habitations à bon marché et beaucoup d'autres institutions sociales sont alimentées par les produits de l'épargne populaire.

.·.

Etre membre d'une société de secours mutuels et habiter un taudis dans lequel femme et enfants deviennent tuberculeux, tout en pensant qu'une part des 700 millions qui sont à la Caisse des Dépôts et Consignations appartient à votre société, n'en constitue pas moins une situation lamentable. Or, une loi de 1913 a autorisé les Sociétés de Secours à créer des Sociétés de Crédit immobilier d'habitations à bon marché, en employant une partie de leurs fonds libres auxquels continuerait à être servi un intérêt de 4 1/2 %. Elles n'ont même pas à déplacer ces fonds, et doivent simplement prévenir le Directeur de la Caisse des Dépôts et Consignations qu'elles immobilisent ces fonds qui dorénavant constituent le capital d'une Société de crédit immobilier fondée par elles.

Si ce capital était de 50.000 fr., la Société pourrait immédiatement emprunter à la Caisse des retraites pour la vieillesse une somme de 550.000 fr. à 2 % et prêter ces capitaux à ceux de ses sociétaires qui voudraient faire bâtir, pour eux et leur famille, une maison dont ils seraient immédiatement propriétaires tout en payant par annuité, en 5, 10, 15, 20 ou 25 ans.

Nous ne croyons pas qu'une seule société de secours mutuels ait profité de ces avantages et cependant, il n'y avait pas une diminution d'intérêts même la plus minime à redouter.

Les sociétés de secours mutuels ont aussi été habilitées à fonder des dispendaires d'hygiène sociale. Nous savons que quelques grandes sociétés comme l'Association fraternelle des employés de chemin de fer en ont créé, mais par combien ont-elles été imitées ?

Nous craignons qu'avec le système de flagorneries qui n'a

pas beaucoup changé en France depuis Louis XIV, avec cette différence qu'elles vont maintenant à l'électeur au lieu de s'adresser au souverain, on ait surtout cherché à capter les voix des mutualistes réunis en grandes masses de temps à autre. Sans doute, dans les Congrès annuels, l'éminent Président de la Fédération des sociétés de secours mutuels, avec son admirable éloquence et quelques membres du Conseil supérieur de la Mutualité s'efforcent de montrer à leurs auditeurs tout ce qu'ils pourraient réaliser de beau et d'utile et les pressent d'entrer dans la lice. Ces nobles paroles produisent une réelle impression sur les assistants, pas assez forte cependant pour amener les sections locales à d'énergiques résolutions devant se traduire par la création et la gestion de nouveaux organismes sociaux dont le besoin est cependant si impératif et si urgent. Avouons-le, dans les grands centres mêmes, peu de chose a été fait.

Souhaitons que l'impérieuse voix du devoir social qui, maintenant plus que jamais, après cette horrible guerre doit résonner avec énergie dans nos cœurs, soit entendue, et que la Mutualité pénètre largement dans nos campagnes en n'y apportant pas seulement ses premiers bienfaits, mais aussi tous ceux qu'elle a le devoir d'ajouter à son action.

Pourquoi, comme les grandes villes qui adoptent de malheureuses cités dévastées, nos importantes sociétés de secours mutuels urbaines ne fonderaient-elles pas, dans les campagnes, des succursales ? Tout est difficile dans les agglomérations rurales ; les longues distances séparant chaque exploitation ne rendent pas aisées les réunions nombreuses ; la main qui a tenu toute la journée les mancherons de la charrue est peu disposée ensuite à prendre la plume ; pourquoi quelques citadins dévoués ne mettraient-ils pas à la portée de leurs frères des champs, l'œuvre toute préparée, déjà en plein fonctionnement à laquelle ils n'auraient plus qu'à adhérer ? Nous connaissons beaucoup de mutualistes, et nous sommes bien certain que, parmi les administrateurs des sociétés urbaines, il y en a, dans chaque conseil qui accepteraient de remplir ce modeste apostolat si utile et si bienfaisant. Il suffirait pour trouver ces citoyens dévoués de rompre avec nos habitudes consistant à prendre toujours ceux qui se mettent en avant, et de se donner la peine d'aller chercher ceux qui, se tenant à l'écart, attendent d'être sollicités, mais ensuite remplissent en toute conscience la mission qu'ils ont acceptée.

La Mutualité, en vue de buts matériels comme ceux que nous avons énumérés plus haut, s'est largement développée à la campagne, il faut à tout prix maintenant, pour que le travailleur agricole se sente vraiment entouré d'une atmosphère de solidarité que l'action mutualiste poursuivant des fins morales y fleurisse aussi généreusement.

Alors chacun éprouvera le sentiment de sécurité nécessaire pour sa famille et pour lui vis-à-vis des fléaux sociaux.

CHAPITRE IV

RETRAITE

Retraite : La loi sur les retraites ouvrières. — Les Caisses mutuelles
de retraites.

RETRAITE

Nous avons indiqué plus haut que quelques sociétés de secours mutuels servaient à leurs adhérents des retraites.

Nous savons tous combien le Français est hanté par cette idée de la retraite qui, au contraire est absolument étrangère à toute intelligence américaine. Il n'y a aucune raison pour que le paysan ne recherche pas cette sécurité comme tous ses compatriotes. L'esprit d'économie est plus grand à la campagne qu'à la ville et ce sentiment a pour base, non seulement la sécurité pour le présent, mais aussi pour la vieillesse.

L'agriculteur achète de la terre dont les produits, tant qu'il pourra travailler, et ensuite les loyers pourvoiront aux besoins de ses dernières années, mais le travailleur agricole qui n'a pas le moyen d'acheter du bien est animé cependant du même sentiment de prévoyance.

LA LOI SUR LES RETRAITES OUVRIÈRES

Il lui serait possible de s'assurer une retraite grâce à la loi sur les retraites ouvrières, mais il ne paraît pas que celle-ci ait eu jusqu'à présent, plus de succès à la campagne qu'à la ville.

Bonne dans son principe, imparfaite dans plusieurs de ses modalités, cette loi a été partout mal accueillie dans le monde des travailleurs. Peut-être n'a-t-elle pas été bien comprise, car on ne s'est guère donné la peine d'expliquer, dans les milieux populaires, les **avantages** qu'elle comportait. Les discussions auxquelles elle a donné lieu ont été envenimées par les passions politiques ; les mesures d'exécution ont laissé à désirer. En outre, on a commis une faute de la plus haute gravité en s'enfermant, à la Romaine, dans des formules d'une rigidité absolue, celles qui ont toutes les préférences de notre Administration, et en voulant confier l'exécution de la loi à l'Etat, rien qu'à l'Etat dont on connaît cependant l'inaptitude en ces matières comme en tant d'autres.

Quand donc acceptera-t-on enfin chez nous la formule qui a fait de la Belgique la première des nations au point de vue social « l'initiative privée subsidiée » ?

En France, non seulement on n'aide pas l'initiative privée, mais, en général, tout le fonctionnarisme se ligue contre elle. Si, malgré cela, elle réussit quelquefois, on s'efforce alors, sous couleur d'aide à lui apporter et souvent d'ailleurs, sans y mettre tant de formes, de l'exproprier. On se substitue à elle, et, la plupart du temps l'œuvre créée meurt, à moins qu'elle ne soit entièrement détournée de son but.

Pour la création de cette œuvre immense des retraites ouvrières, l'Etat avait à sa disposition la Mutualité, que ne s'en est-il servi ?

Elle avait depuis longtemps commencé à instituer ces retraites ; elle connaissait les modalités les plus favorables ; il n'y avait qu'à suivre les mêmes voies et à lui fournir les moyens d'intensifier et d'élargir dans d'énormes proportions l'œuvre qu'elle avait amorcée.

L'obligation même, si l'on était décidé à l'imposer, ne motivait nullement l'exclusion de la Mutualité.

Après lui avoir promis de l'associer à cette vaste entreprise, on a laissé apparaître un esprit d'ostracisme attristant, et il a fallu de longues discussions et l'insistance la plus énergique des parlementaires amis de la Mutualité, pour obtenir que les sociétés de secours mutuels pussent toucher les versements de leurs adhérents en vue de la retraite. Encore cette concession fut-elle entourée de bien des restrictions et des conditions onéreuses furent-elles imposées.

Ne semble-t-il pas que les choses se seraient passées tout différemment si l'on avait d'abord édicté l'obligation de l'assurance maladie par l'intermédiaire de sociétés de secours mutuels entre lesquelles le travailleur eut en toute liberté de choix. Avec la participation du patron et de l'Etat, la somme demandée au travailleur eut été infime. Ces nouveaux mutualistes se seraient très vite rendu compte de la disproportion existant pour eux entre les avantages que leur procurait leur affiliation à la Société de secours mutuels et la modique cotisation qui leur était demandée.

Ils auraient reçu, dans les réunions mutualistes, un commencement d'initiation sociale. Là on leur aurait expliqué les principes sur lesquels est constituée la retraite, d'ailleurs si sympathique à tous les Français ; on leur aurait fait comprendre combien étaient avantageuses les conditions qui leur était offertes pour constituer la leur, et, au lieu de refuser de se soumettre à la loi, ils en auraient eux-mêmes réclamé la promulgation. Ensuite on eût amorcé la question de l'invalidité qui, étant heureusement rare, n'aurait exigé que de légers sacrifices de la part des très nombreux adhérents des sociétés, toujours aidées par des membres honoraires et par des subventions de l'Etat.

Ces lois d'assurance maladie, retraite et invalidité sont peut-être plus indispensables encore à la campagne que dans les agglomérations industrielles ou urbaines, parce que le travailleur y est plus isolé et n'y est pas entouré, comme dans les villes, d'un certain nombre d'institutions destinées à lui venir en aide.

Il est à craindre que presque toute l'œuvre soit à reprendre sur de nouvelles bases.

Espérons que, cette fois, tout esprit d'exclusivisme disparaîtra des divers projets et qu'on ne cherchera pas à enserrer le travailleur dans des lisières aussi étroites.

N'est-il pas extraordinaire, par exemple, qu'on lui ait refusé le droit de faire à une Société de Crédit immobilier, au lieu et place de ses versements pour la retraite, des paiements mensuels d'un montant très supérieur à ceux qui lui étaient imposés de ce chef, dans le but de s'assurer, en 10, 15, 20 ou 25 ans, la propriété d'une maison salubre, dont sa femme et ses enfants auraient joui en même temps que lui ?

Ainsi eût été résolu, de la manière la plus élégante, le triple problème considéré comme insoluble, il y a seulement 15 ans par tous les sociologues : Procurer à un travailleur, et à sa famille une maison saine et digne. Donner à sa femme et à ses enfants la sécurité d'une assurance sur la vie. Lui assurer, au plus tard à l'âge de 60 ans, une retraite.

Il serait juste d'ajouter que, par avance et à partir du jour où le travailleur a signé son contrat de prêt avec la Société de Crédit immobilier, il jouit des deux premiers avantages.

Les travailleurs qui deviennent propriétaires d'un immeuble aux environs de Paris payaient, en général, avant la guerre, des annuités variant entre 5 et 600 fr. Au bout de 25 ans au maximun (la loi ne permet pas une durée plus longue) et au plus tard à 65 ans, ils avaient terminé leurs versements et étaient propriétaires de leurs maisons ; c'est exactement comme si, à partir de ce jour, ils recevaient, comme retraite, ces 5 ou 600 francs au lieu de les verser à un propriétaire. Qu'on ne dise pas qu'ils avaient été obligés de s'imposer des privations plus considérables pour atteindre ce but, car tout le monde sait que le moindre taudis de 2 pièces et une cuisine était loué dans Paris, au moins 600 fr. *avant la guerre*.

Encore les annuités à verser par le travailleur devraient-elles être diminuées du montant de la somme versée par son patron et de celle versée par l'Etat annuellement, en conformité de la loi sur les Assurances ouvrières, à moins que celles-ci ne lui constituent une retraite s'ajoutant aux avantages de la maison.

Dans le cas de la retraite établie conformément aux conditions de la loi, tout disparaît quand meurt le chef de famille assuré, tandis lorsque la pension est représentée par l'acquisition d'une maison, celle-ci reste à la femme et aux enfants du défunt.

Il est aisé de voir combien ce mode de constitution d'une retraite est supérieur au processus instauré par la loi. Comment l'esprit d'exclusivisme et de tyrannique uniformité a-t-il pu être assez fort pour faire repousser, et par le Gouvernement et par la majorité, une mesure aussi excellente ?

Remarquons que par ces dispositions, on faisait pénétrer dans un milieu où elle est absolument ignorée, la bienfaisante *pratique* de l'Assurance sur la vie, si moralisatrice et socialement si bienfaisante.

LES CAISSES MUTUELLES DE RETRAITES

Il existe un certain nombre de Caisses mutuelles de retraites agricoles dont nous parlerons plus loin. Elles constituent une entreprise très louable à l'actif de ceux qui les ont fondées, mais elles ne peuvent offrir à leurs adhérents que des retraites assez faibles, surtout si on les compare à celles qu'il est possible de servir en faisant intervenir la coopération de l'État et du patron en plus de l'effort du travailleur.

CHAPITRE V

ASSURANCE SUR LA VIE

Assurance sur la vie. — Caisses de secours au décès.

ASSURANCE SUR LA VIE

Comment se fait-il que l'Assurance sur la vie, si répandue dans les milieux ouvriers en Angleterre, est, chez nous, totalement ignorée?

Probablement parce que nos travailleurs n'en ont jamais entendu parler, personne ne leur en ayant expliqué les avantages.

De l'autre côté de la Manche une seule Compagnie d'assurances « La Prudential » assure plusieurs millions d'ouvriers et fait *toucher par le service des Postes*, chaque semaine, leurs primes jusqu'à 0 fr. 20 et 0 fr. 30 centimes. Il est aisé de se figurer combien est réduit le pourcentage que perçoit la Poste sur un semblable mode de recouvrement.

Le développement de l'Assurance sur la vie dans une contrée constitue une preuve d'élévation morale.

Si un travailleur accomplit un acte louable en prélevant sur son salaire le montant des cotisations nécessaires pour s'assurer contre la maladie ou pour se constituer, à l'âge de la retraite, une rente viagère, il n'est encore cependant qu'à l'orée du chemin du devoir social. S'il est déjà bien d'économiser « fin soi-même », c'est encore infiniment supérieur d'accomplir le même acte afin d'assurer une aide réelle à ceux qui vous ont été confiés, pour le jour où leur appui naturel leur fera défaut.

Y a-t-il au monde une situation plus lamentable que celle d'un ménage ouvrier ayant des enfants, parfaitement heureux tant que le père apporte chaque semaine le fruit de son labeur et auquel le chef de famille fait tout à coup défaut ?

C'est un risque terrible, et l'Assurance mutuelle sur la vie n'a fait que le mettre en commun, comme les Sociétés de secours mutuels mettent également en commun le risque « maladie ».

La pauvre veuve se trouve tout à coup sans aucune ressource pour subvenir aux besoins de ses enfants.

Pour peu qu'elle ait affaire à un propriétaire inhumain, elle n'a plus un endroit, plus un abri, où reposer en paix avec ses chers petits.

On nous répondra qu'ils existe des institutions d'assistance pour venir en aide à de semblables détresses ; nous préférons de beaucoup pour notre part les institutions de prévoyance qui laissent entière la dignité de l'être humain.

Quelle différence si le père de famille prévoyant s'est assuré pour une somme même minime ! Il lui aura suffi d'un versement mensuel de 3 ou 4 fr. par mois pour que sa femme puisse toucher environ 2.000 fr. Avec cette somme, elle aura un peu de temps devant elle pour se retourner, pour s'arranger avec une voisine qui lui gardera ceux de ses enfants trop jeunes pour aller à l'école, pendant qu'elle travaillera chaque jour pour gagner le pain que son mari ne lui apportera plus.

Il y a un mode d'assurance sur la vie encore supérieur à celui-ci, c'est celui qu'implique la propriété d'une maison acquise d'après les prescriptions de la loi Ribot ; nous l'avons indiqué plus haut, nous y reviendrons avec plus de détails lorsque nous traiterons la question de l'habitation.

CAISSES DE SECOURS AU DÉCÈS

Les Caisses de secours au décès ne sont pas autre chose que des Sociétés de secours mutuels ; elles sont peu nombreuses et leur action ne se fait pour ainsi dire pas sentir.

Comment ne pas éprouver un sentiment de tristesse en constatant la différence énorme des résultats obtenus dans les centres ruraux au point de vue du développement des mutualités qui poursuivent un but uniquement matériel et celles qui ont à leur base un but moral ?

Comment expliquer que le paysan qui assure si volontiers sa maison, ses récoltes et ses bestiaux ne pense pas, avant tout à sa famille et à lui-même ? N'est-ce pas tout simplement parce qu'on s'est appliqué à lui expliquer avec persévérance l'utilité absolue d'être en sécurité pour les premiers et qu'on lui a fort peu parlé du devoir moral, et de même qu'on ne lui a jamais parlé d'hygiène.

Nous sommes toujours disposés à croire en France, que quantité de choses doivent être sues sans jamais avoir été enseignées comme la tenue d'une maison, les soins à donner aux enfants, ce préjugé a de bien funestes conséquences non seulement morales, mais matérielles.

Est-ce que, logiquement, l'assurance au décès en faveur des veuves et des orphelins ne devrait pas prendre place immédiatement après l'assurance maladie et avant l'assurance vieillesse, puisque, sur 100 hommes âgés de 30 ans, les statistiques établissent que 31 n'atteindront pas l'âge de 60 ans. Les sacrifices qu'ils auront faits pour cette retraite, *toute personnelle*, ne profiteront en rien aux êtres qui leur étaient les plus chers.

On le voit, c'est toute une œuvre de propagande et d'éducation à peine ébauchée qui doit être énergiquement entreprise dans nos campagnes, pour y faire pénétrer les idées de prévoyance sociale si indispensables au bien-être moral et matériel de nos populations rurales. Les mutualistes ont été les initiateurs pratiques de la Prévoyance sociale ; peut-on admettre un seul instant qu'ils laissent leur tâche inachevée, la considérant comme terminée lorsqu'ils ont atteint les limites urbaines ? Certainement, ils tiendront à honneur de continuer leur noble tâche et de rappeler à nos concitoyens ruraux que, dans la Patrie comme dans la famille, l'égoïsme est stérile et misérable et que le don de soi et le dévouement sont les seules vraies sources de bonheur individuel et social. Ils seront largement récompensés de leur peine, car les populations agricoles ont, en somme, été les premières à fonder des institutions mutuelles à l'époque où la séparation entre citadins et campagnards n'était pas aussi tranchée qu'elle le fut plus tard. Il existe, depuis plus de 10 ans une quinzaine de Caisses de dotations pour la jeunesse, et ce sont les agriculteurs qui, les premiers en France, ont créé ces excellents organismes de prévoyance.

Comment pourrait-on admettre que des hommes qui ont si admirablement rempli leur devoir envers la France restent sourds à l'appel du devoir social qui n'en est qu'une autre forme non moins indispensable à la vie de la patrie ? Ils se sont tous montrés prêts à sacrifier leur vie pour le salut du pays ; comment ne consentiraient-ils pas à donner une part minime de leurs gains et de leur temps pour assurer son avenir moral et matériel ?

Qu'on se donne la peine de leur porter la bonne parole, et, comme le grain jeté dans les sillons, elle germera, et la bienfaisante récolte ne tardera pas à mûrir abondamment. N'oublions pas, toutefois l'admirable parole du pape Léon XIII : « Un minimum de bien-être est nécessaire à l'exercice de la vertu ».

LE LOGEMENT RURAL

Amélioration du logement. — Hygiène rurale. — Sociétés de crédit
immobilier.

AMÉLIORATION DU LOGEMENT

Ce minimum de bien-être peut il être obtenu tant que le
travailleur rural, tout comme le travailleur urbain habite
un taudis et ne peut pas mettre à la disposition de sa famille
un logement modeste, mais salubre, digne et confortable ?

Ce n'est pas l'homme, ce n'est pas l'être isolé qui constitue la cellule sociale ; c'est la famille.

A cette famille, il faut un abri, un nid : la maison.

Cette demeure familiale est le témoin muet de toutes les
joies, de toutes les douleurs qui traversent la vie de ses
habitants, depuis la naissance des enfants jusqu'à la mort
des parents. Elle ne s'attache point à nous, mais nous nous
attachons à elle. Ses différentes pièces éveillent dans notre
mémoire des souvenirs divers : doux ou pénibles, gais ou
funèbres ; presque chacun des objets qu'elles contiennent a,
pour nous, une histoire et l'ensemble constitue le cadre de
notre vie.

Qu'est actuellement cette maison, ce « home » pour les
familles ouvrières, c'est-à-dire pour la très grande majorité
de nos concitoyens, et en particulier pour nos travailleurs
ruraux, puisque c'est d'eux que nous nous occupons ici ?

A l'extrémité d'une cour de ferme, bien plantée, entourée
d'un fossé bordé de beaux arbres, un petit enclos entouré
d'une haie, contient quelques pommiers au milieu desquels

s'élève une maison sans aucun étage, au toit recouvert de chaume, d'ardoises ou de tuiles. Sur la façade une porte à deux vantaux pleins donne accès dans la pièce commune éclairée, lorsque le vantail supérieur en hiver est aussi fermé, par une fenêtre exiguë. A côté de cette pièce où l'on fait la cuisine, où l'on mange, où se font les travaux de la maison, se trouve une chambre prenant jour par une ouverture représentant à peu près le tiers d'une petite fenêtre ordinaire.

Dans certaines maisons il y a une seconde chambre donnant sur la dernière et lorsque c'est un artisan ou un tisserand à la main qui est locataire, l'atelier où est son métier est installé à côté de cette chambre. Souvent ces deux pièces sont éclairées par des carreaux fixés entre les montants de bois qui forment le galandage, ce qui constitue des jours dormants, et ne permet pas au fisc de percevoir l'impôt des portes et fenêtres. De semblables chambres ne peuvent pas être aérées. Le sol de toutes les parties du logis est en terre battue fort peu uni, et, dans les trous s'amassent des ordures. Une cheminée très grande dans laquelle brûle généralement un feu de bois qui donne peu de chaleur. Tel est le logis.

Nous ne décrivons pas le mobilier qui est généralement des plus sommaires. Rappelons seulement que nous avons vu des maisons de travailleurs à la campagne où le lit était remplacé par un tas de fougères ou de paille retenu par des planches et couvert d'une toile d'emballage. Tous les membres de la famille y couchaient ensemble, tout habillés, se réchauffant sous des couvertures minables auxquelles on ajoutait les habits de rechange. Ce n'étaient même pas des grabats, et c'est là que venaient au monde les enfants. Comment ces pauvres petits êtres pourraient-ils, plus tard, être attachés à une société qui, lorsque leurs yeux se sont ouverts à la lumière, a permis que ce soit pour contempler de tels spectacles? Quels sentiments peuvent germer dans le cœur de créatures humaines qui vivent dans de pareils bouges?

HYGIÈNE RURALE

Sans doute, ce n'est malheureusement pas beaucoup mieux dans les villes. Nous n'indiquerons qu'un seul chiffre ; il suffira pour donner l'idée de l'étendue du mal. Sur 1 million de logements existant dans 50 villes de France de plus de 5.000 habitants, et abritant 3.145.000 de nos concitoyens, plus de 200.000 de ces taudis où vivent *plus de 400.000* êtres humains n'ont qu'une seule pièce. A Saint-Etienne, Lyon et Nantes, presqu'un tiers des logements ; à Brest plus de la moitié étaient dans ce cas, comme l'a prouvé l'enquête de 1906.

On entend dire que les logements de ce genre ont bien moins d'inconvénients à la campagne, et que le soleil et le grand air corrigent tout le mal. Ne nous lassons pas de protester contre une pareille assertion ; l'insalubrité du taudis rural est telle que l'intoxication qu'y subissent pendant la nuit, portes closes ceux qui l'habitent n'arrive pas à être combattue efficacement par toute une journée de grand air. Du reste les statistiques nous apportent malheureusement la preuve que la mortalité urbaine qui est en France, honteusement élevée si on la compare à celle des pays voisins, est encore dépassée par la mortalité rurale. Hâtons-nous de dire que ce n'est point seulement dans notre pays qu'il en est ainsi. Des enquêtes faites en Allemagne et notamment en Bavière, il est ressorti nettement que la mortalité y est également plus élevée à la campagne qu'en ville.

Le Dr Louis Cruveilhier, dans une étude remarquable publiée par la Revue philanthropique écrit : « Très fréquemment, nous avons observé cette anomalie qui semble paradoxale que les petits paysans meurent dans une plus forte proportion que les petits citadins dans la première année de leur existence » et il ajoute plus loin « Nous sommes convaincus et nous espérons montrer ultérieurement que plus à la campagne qu'à la ville, la moitié au moins des décès d

la première enfance rentrent dans la catégorie de ces morts
qu'il est possible et facile d'éviter ».

Nous sommes persuadés que la situation n'est pas meilleure pour les adultes, et que la faute est, pour une très
grande part, au logement malsain ; c'est pourquoi, dès 1911,
nous demandions dans le rapport annuel présenté au Président de la République au nom du Conseil supérieur des
Habitations à bon marché, dont nous avons été chargés
depuis la mort de notre cher et regretté ami Emile Cheysson,
qu'une enquête fût faite sur la mortalité à la campagne.
Nous avons insisté à nouveau chaque année, avant la guerre,
mais nous n'avons pas encore pu l'obtenir.

Ce qui est indéniable à la campagne comme à la ville,
c'est que la plus grande part de cet excès de décès est dû au
taudis. Si en Danemark, la mortalité n'atteint pas 13 pour
mille, si en Belgique elle dépasse à peine 13, comme en
Norvège, tandis qu'en France elle est encore tout près de
20 pour mille ; si ces chiffres prouvent qu'un tiers des vies
humaines sacrifiées chaque année en France pourraient
être épargnées, il est indubitable que le taudis a dans cet
état de choses navrant, la plus lourde responsabilité.

Tous les philanthropes voués à l'étude des questions
sociales le proclament à l'envi. L'amélioration du logement
du travailleur constitue le véritable carrefour des œuvres
sociales. Toutes les autres quelqu'admirables qu'elles soient,
n'arriveront pas à vider le tonneau des Danaïdes de la souf-
france humaine, tant que le taudis s'acharnera à le remplir.
Lutte contre la dépopulation, contre la mortalité infantile,
contre la tuberculose, contre l'alcoolisme, contre l'immora-
lité ; tout sera vain tant que subsistera la lèpre du taudis.

*
* *

Nous attachant en toute chose au respect scrupuleux de
la vérité, nous avons tenu à montrer le mal dans toute sa
gravité ; ce n'est pas suffisant, nous nous estimons tenu de
présenter des remèdes. Ils existent ; ils sont pratiquement

conçus ; on peut presque dire que ce qui manque seulement, c'est chez les pouvoirs publics et chez un trop grand nombre de citoyens la claire vision du danger et la connaissance de notre législation sur les Habitations à bon marché.

Celle-ci est incontestablement la meilleure et supporte aisément la comparaison avec celle de tous les pays voisins.

Résumons-la brièvement.

En 1889, émus de l'état navrant du logement des travailleurs en France, et de ses conséquences lamentables, un certain nombre de philanthropes, parmi lesquels Emile Cheysson, Georges Picot, Jules Simon, Charles Robert, Eugène Rostand, pour ne citer que les disparus, se groupèrent autour de M. Jules Siegfried, et fondèrent la Société française des Habitations à bon marché.

Bientôt, en 1894, une loi sur les Habitations à bon marché fut promulguée, dont le but était d'encourager, dans toute la France, la construction, par les particuliers, les industriels ou les sociétés locales, de maisons salubres et à bon marché ou l'amélioration des logements existants.

*
* *

Dès que cette loi fut promulguée, des Sociétés d'habitations à bon marché et de crédit se fondèrent.

Elle fut élargie en 1906, de manière à aider à la construction d'un plus grand nombre de maisons salubres et destinées à être louées pour un prix réduit, ou accessoirement vendues à des travailleurs peu fortunés avec paiements répartis sur un certain nombre d'années.

Cette loi accordait aux sociétés :

Des facilités d'emprunts à un taux de faveur, amortissables en un nombre d'années qui différait suivant la nature des immeubles.

Les maisons dites à bon marché étaient exonérées pendant douze ans de la contribution foncière des propriétés bâties et de la taxe des portes et des fenêtres.

Enfin quelques dégrèvements de droits de timbre étaient accordés aux Sociétés d'habitations à bon marché.

En compensation de ces avantages, l'Etat exige que les statuts des Sociétés d'habitations à bon marché soient approuvés par le Ministre du Travail, que les maisons construites par elles offrent des conditions certaines de solidité et de durée, que les logements soient attribués seulement à des travailleurs peu fortunés, qu'ils offrent toutes les garanties de salubrité désirables et que leur loyer ne dépasse pas les maxima fixés par la loi. C'était pour Paris avant la guerre, 600 fr., pour 3 pièces, une cuisine et dépendances avec taux décroissant suivant la population des localités.

Sauf quelques sociétés coopératives qui entreprirent de faire construire des maisons pour leurs sociétaires, la loi de 1906 contribua surtout à l'augmentation du nombre des Sociétés anonymes, ayant leurs sièges dans les villes et construisant de grands immeubles collectifs divisés en appartements.

Leur rôle essentiellement bienfaisant fut malheureusement très limité, par suite de la difficulté de se procurer des capitaux auxquels on ne pouvait guère donner plus de 3 pour cent d'intérêt, et sans qu'il existe un marché pour ce genre de valeurs. C'est surtout la maisonnette entourée d'un jardinet et même d'une petite exploitation qui est intéressante au point de vue agricole, aussi passerons-nous rapidement sur les lois de 1894 et de 1906.

SOCIÉTÉS DE CRÉDIT IMMOBILIER

C'est en 1908, le 10 avril, sur l'initiative de l'éminent homme d'Etat qui devait être le grand Ministre des Finances de la Guerre, M. Ribot, que fut promulguée la loi pour aider au développement de la petite propriété.

Son but était de permettre l'accession à la propriété d'un nombre aussi considérable que possible de travailleurs ayant déjà donné dans la mesure de leurs moyens, des preuves de leur esprit de prévoyance.

En voici très succinctement le mécanisme :

Une somme de 100 millions, prélevée sur les capitaux de la Caisse nationale des retraites pour la vieillesse a été mise, au taux de 2 %, à la disposition des sociétés dites : « Sociétés de crédit immobilier ».

Celles-ci ont alors reçu pour mission :

1° De consentir à des emprunteurs qui ne peuvent être que des travailleurs peu fortunés, des prêts hypothécaires individuels destinés : soit à l'acquisition de champs ou jardins ne pouvant dépasser une superficie d'un hectare ou une valeur de 1.200 fr., soit à l'acquisition ou à la construction de maisons individuelles à bon marché (Les champs ou les jardins ne peuvent être cultivés que par le propriétaire lui-même, ou par les membres de sa famille).

2° De faire des avances aux Sociétés d'habitations à bon marché constituées selon la loi de 1906, pour celles de leurs opérations effectuées en conformité du paragraphe précédent.

A quelles conditions un travailleur peu fortuné peut-il obtenir un prêt ?

Il faut d'abord qu'il possède, au moment de la concession du prêt hypothécaire demandé par lui, le cinquième au moins du prix total de l'immeuble dont il veut devenir propriétaire ; c'est là ce qui constitue la preuve de ses facultés d'ordre et d'économie.

Ce cinquième peut être représenté par la valeur du terrain qu'il a acquis, ou par des matériaux, ou de toute autre manière équitable.

La seconde condition imposée à l'emprunteur est l'obligation de souscrire, au moment de la conclusion de son contrat d'emprunt, une assurance temporaire sur la vie à la Caisse nationale d'assurances, en faveur de la Société de crédit immobilier, et pour le montant exact de la somme dont celle-ci lui fait l'avance.

Ce contrat est conclu moyennant une prime unique dont

l'avance est consentie par la Caisse des retraites pour la vieillesse, en plus de la somme destinée à la construction de l'habitation.

Cette prime d'assurance est alors ajoutée au montant du prêt, puis amortie en même temps que le prix de l'immeuble.

Grâce à cette assurance, si le mari meurt avant l'expiration de son contrat, sa veuve devient *ipso facto* propriétaire de l'immeuble, et n'a plus aucune annuité à payer, ni pour l'amortissement, ni pour l'intérêt de son emprunt : l'hypothèque tombe ; elle est propriétaire sans aucune restriction.

Cette disposition est l'une des plus bienfaisantes de la loi Ribot ; elle constitue, comme nous le disions plus haut, la solution de ce triple problème si difficile à résoudre :

Donner à un ménage de travailleurs l'habitation salubre, digne et avenante dont profitera toute la famille et dont elle restera propriétaire, même si le père meurt.

Lui constituer la meilleure des retraites par la possession assurée d'un immeuble pour lequel à 60 ans d'âge et généralement plus tôt, il n'aura plus à payer aucune annuité ni aucun loyer, ce qui équivaut, pour lui, à une rente égale au chiffre de ce loyer.

Enfin, l'assurance sur la vie qu'il a contractée, assure à la pauvre femme qui, tout à coup se voit enlever non seulement son appui, son compagnon, mais aussi son gagne-pain, en pleine propriété, un logement salubre. Sa femme et ses enfants jouiront des sacrifices qu'il a tenu s'imposer pour eux. Voilà la pauvre veuve soustraite pour toute sa vie à la préoccupation lancinante du loyer.

*
* *

Pour la première fois, par la loi Ribot, on a fait pénétrer dans les milieux ouvriers le principe si moralisateur et si élevé de l'assurance sur la vie. Inutile de faire ressortir ici de combien il est supérieur à la simple assurance vieillesse par laquelle le travailleur emporte avec lui dans la tombe la somme de bien-être qu'il a pu, par le versement de ses primes, assurer à sa famille pour les dernières années qu'il avait à vivre.

Une autre disposition fort importante de la loi prescrit que si le défunt laisse des enfants, la veuve pourra, par une simple demande adressée au Juge de paix du canton, obtenir que l'indivision soit maintenue. Elle n'aura qu'à renouveler sa demande de 5 ans en 5 ans pour que tout partage soit évité jusqu'à la majorité du plus jeune de ses enfants.

Voilà au moins de modestes héritages qui vont échapper aux formalités et aux exigences qui, en général, arrivent à les dévorer, et c'est la première fois que pareil résultat a pu être obtenu.

On ne peut se rendre compte, lorsqu'on n'a pas vécu à la campagne, du mécontentement qu'excite, à juste titre à notre avis, l'exploitation à laquelle sont en butte les héritiers des modestes travailleurs qui, par une vie ordonnée et économe, sont arrivés à amasser quelque chose. Voilà une question dont on ne s'est occupé jusqu'ici (et encore bien rarement) que dans les proclamations électorales, et dont la solution obtenue en faveur des humbles acquérait au Gouvernement une réelle reconnaissance.

Ajoutons, pour compléter la liste des avantages conférés aux Sociétés de crédit immobilier que les exemptions accordées aux Sociétés d'habitations à bon marché touchant les droits de timbres, leur sont aussi concédées et indiquons maintenant comment ces sociétés peuvent être constituées.

*
* *

Les Sociétés de crédit immobilier doivent être constituées sous la forme anonyme, et au capital minimum de 100.000 fr. dont le quart seulement sera versé au moment de la constitution. Les trois quarts restants pouvant ne jamais être appelés, et au fait, ne l'ayant jamais été, par aucune société.

Le montant du capital versé doit être converti en valeurs garanties par l'Etat déposées à la Caisse des Dépôts et Consignations qui, à chaque échéance, porte le montant des coupons au crédit de la dite société de crédit immobilier.

Dans ces conditions, l'intérêt à servir aux actionnaires est assuré.

Après l'accomplissement de ces formalités et l'approbation de ses statuts par le Ministre du Travail, la Société est habilitée à recevoir des avances. Le montant de celles-ci est calculé d'après des règles établies ; qu'il nous suffise de dire pour abréger qu'elles s'élèvent, en somme à un peu plus de 11 fois le capital versé. Une société au capital de 25.000 fr. versés peut recevoir immédiatement 287.500 fr. d'avances au taux de 2 %.

Mais des frais lui incombent : loyer, employés (quelquefois de bons citoyens remplissent ces fonctions bénévolement tant que le nombre de prêts n'est pas trop considérable), constitution des dossiers des emprunteurs, établissement des contrats, surveillance des travaux, de la qualité des matériaux employés, délivrance des bons d'acomptes à verser aux entrepreneurs, etc... etc... Pour couvrir ces dépenses, la Société de crédit immobilier a droit à un pourcentage que la loi fixe *au maximum* à 1 1/2 pour cent. Les sociétés peuvent prendre moins. Cette commission s'ajoute au taux originaire du prêt ; ainsi une société de crédit immobilier peut prêter au taux de 3 1/2 % à ses emprunteurs les capitaux qu'elle reçoit de la Caisse des retraites pour la vieillesse au taux de 2 %.

A la Société de crédit immobilier dont nous avons eu l'honneur d'être, avec son éminent Président d'honneur, M. Ribot, l'un des fondateurs et que nous présidons, nous avions adopté les taux de prêts suivants :

2 1/4 % aux pères de famille de 5 enfants ou plus
2 1/2 %   —   —   4 —
2 3/4 %   —   —   3 —
3   %   —   —   2 —   ou moins

Contrairement à ce qu'on pourrait supposer, car il est difficile à un travailleur qui a beaucoup d'enfants de payer une annuité élevée, le nombre des emprunteurs qui jouissent de ces taux réduits est assez important.

L'emprunteur est entièrement libre de choisir son architecte et son entrepreneur, mais il est tenu de présenter son plan et son devis à la Société de crédit immobilier qui recherche si les prix ne sont pas exagérés et si les conditions de solidité et de durée sont assurées.

Elle vérifie également si la valeur de l'immeuble ne dépassera pas le maximum fixé pour la localité par la loi du 23 décembre 1912, modifiée par la loi du 24 octobre 1919, par la loi de Finances du 30 juin 1920 et par la loi de Finances du 31 décembre 1921. La durée de l'amortissement ne peut pas dépasser 25 ans, ni 60 ans d'âge pour l'emprunteur.

La Société transmet les plans au Comité de patronage des habitations à bon marché et de la prévoyance sociale du département qui, si toutes les conditions de salubrité exigées par le règlement d'hygiène qu'il a imposé sont remplies, délivre le certificat de salubrité provisoire.

A partir de ce moment, les travaux peuvent commencer ; ils sont suivis avec soin par l'employé de la société qui a examiné le plan et le devis, et qui, maintenant, s'assure de la qualité des matériaux de la solidité de la construction et donne les bons d'acompte, au fur et à mesure de l'avancement des travaux.

*
* *

Certains architectes passionnés par l'étude de ces questions y ont apporté, non seulement leur intelligence et leur science, mais un peu de leur cœur. Ils ont activement recherché les conditions les meilleures pour la construction de ces maisons individuelles pour les familles de travailleurs et par toute sorte de combinaisons ingénieuses dans l'emploi du terrain, par la fabrication des matériaux en série, et par tous les moyens possibles, ils étaient parvenus avant la guerre, à diminuer le prix de revient de ces immeubles, de 20 à 25 %.

Certains types confortables, pratiques et peu coûteux se

sont dégagés de la quantité de plans soumis aux sociétés et peuvent être généralisés dans leurs dispositions essentielles sans risquer cependant de tomber dans l'uniformité.

Disposant, d'autre part, de capitaux à 2 1/4, 2 1/2, 2 3/4, et 3 %, on peut se rendre compte de ce que les Sociétés de crédit immobilier pouvaient arriver à réaliser avant août 1914, en faveur de leur si intéressante clientèle.

Aussi, tandis que beaucoup de nos lois sociales, justes dans leur principe et remplies de promesses bienfaisantes, ont soulevé, lors de leur application, des difficultés et des résistances, celles sur les habitations à bon marché ont tenu, au contraire, tout ce qu'en attendaient leurs auteurs.

Au moment de la déclaration de guerre, l'œuvre des Sociétés de crédit immobilier était en plein essor; pendant les deux années qui ont précédé la grande tourmente, le nombre de ces sociétés avait sextuplé et le montant des prêts consentis par elles suivait une marche parallèle.

De 1910 à fin 1912, des crédits s'élevant à 22 millions 1/2 leur avaient été ouverts par la Caisse des retraites pour la vieillesse. Sans la guerre, c'est au minimum 30 millions qui eussent été nécessaires pour la seule année 1914.

Au 31 décembre 1913, il y avait 72 sociétés de crédit immobilier, dont la très grande majorité avait adhéré à l'Union des sociétés de crédit immobilier de France et d'Algérie ; il y en a maintenant 80.

Pourquoi faut-il que leur action à la campagne ait été jusqu'ici à peu près nulle ?

Nous avons dépeint brièvement, au début de ce chapitre, le taudis rural ; nous avons montré que, comme son frère le taudis urbain, ce bouge hideux n'était pas plus l'abri, le nid nécessaire à la famille, que le haillon n'est un vêtement. Dans ces réduits sombres et malsains, le corps s'étiole, l'âme se dégrade : l'homme est souvent absent, mais la malheureuse femme gardienne du foyer voit ses chers enfants dépérir, pauvres fleurs charmantes bientôt décolorées ; elle se décourage, et alors c'est la chute qui commence.

Comment ne comprend-on pas que le taudis, en même temps qu'il est le grand pourvoyeur de nos cimetières, est aussi celui des pires haines sociales ?

Quel contraste nous offre l'habitation à bon marché !

.˙.

Allez un dimanche, à l'improviste, visiter quelques-unes de ces modestes maisonnettes. Partout, vous trouverez, dans le jardinet qui l'entoure, le père de famille en train de bêcher, de semer, de planter, d'arroser, de tailler. Autour de lui, ses enfants s'efforcent d'imiter ses gestes, persuadés qu'ils constituent pour lui une aide précieuse.

Pénétrez dans la maison où la femme entourée des plus petits est en train de vaquer aux soins du ménage, et vous serez frappé tout d'abord par la mine de ses enfants aux joues roses et potelées. C'est d'ailleurs ce que vous fera remarquer tout d'abord la jeune mère, car c'est ce dont elle est le plus fière.

Si vous la félicitez de la tenue de sa maison, elle vous répondra que lorsqu'on est aussi joliment logé, il est tout naturel que tout soit soigné et que c'est un plaisir d'entretenir un logis tout neuf et si agréable.

Vous remarquerez le parfait entretien des meubles.

Il nous est arrivé de voir des familles entrer dans un appartement propre, sortant d'un taudis, avec un mobilier boîteux et dégoutant ; 15 jours après, tout était changé ; chaque meuble avait été frotté, réparé le mieux possible ; les ustensiles avaient été récurés ; ce n'était presque plus reconnaissable.

La joie rayonne sur tous les visages.

Il ne peut y avoir de doute. Le cabaretier a perdu son client, l'ouvrier propriétaire adore son jardin et il a oublié le chemin de l'assommoir. Son salaire est employé à payer d'abord la nourriture et les vêtements de la famille, puis l'annuité due à la Société de crédit immobilier. Les économies sont employées à l'acquisition de matériaux peu

…oûteux que ses mains ingénieusement habiles vont trans-
…ormer en une cage à poulets ou une cabane à lapins, d'ar-
…hitecture souvent originale et quelquefois compliquée.
D'autres fois, c'est un modeste atelier de menuiserie ou de
serrurerie qui vient s'accoler à la maison. A la campagne,
ce sera une étable ou une petite grange pour la construction
desquelles la loi de 1912 ajoute au maximum fixé un supplément de 2.500 fr. qui sera certainement augmenté lorsqu'on sera décidé à y jouir des bienfaits des lois sur les
habitations à bon marché.

Le travailleur, nouveau propriétaire, est maintenant do-
miné par l'amour de son home, uni dans le même sentiment de bonheur que sa femme et ses enfants et se rendant
compte que le progrès moral qui s'est accompli en lui, a
seul rendu possible cette heureuse transformation des conditions de leur existence commune. Moins mécontent de lui-
même, il est infiniment plus satisfait de tout ce qui l'entoure.

Quel resserrement de l'intimité familiale !

Combien les efforts pour le bien commun deviennent
plus intenses !

Comme on apprend à se mieux connaître, à se mieux
apprécier, à se mieux aimer !

Dans mainte maison on croit être chez de petits bourgeois
et l'on apprend que le propriétaire est conducteur ou rece-
veur de tramways, charretier, ouvrier maçon, charpentier,
peintre, cantonnier, garçon de bureau ou modeste employé.
L'argent consacré à l'achat de ce joli mobilier a été tout
simplement arraché au cabaret.

*
* *

Après avoir visité des centaines de ces modestes et heureux intérieurs, à Marseillle, en Savoie, dans les Vosges,
dans le Doubs, dans le Haut-Rhin, dans le Nord, en Picar-
die, en Normandie, à Nantes, dans le Centre, à Bordeaux,
sans compter les environs de Paris, nous chercherions vai-

nement le souvenir d'un de ces propriétaires qui ne se soi
pas, devant nous, félicité de l'acquisition de sa maison
Entre tant d'autres nous citerons seulement une anecdot(
qui nous paraît typique.

Dans une région assez industrielle, deux ouvriers travail·
lant dans une usine de l'Etat et d'idées quelque peu anarchistes, l'un deux étant en outre, un véritable pilier de
cabaret, voulurent, tout à coup, avoir leur petite maison.
Peut-être pensaient-ils, comme le M. Vautour de l'époque de
Louis-Philippe, que : « quand on n'a pas de quoi payer son
terme, il faut avoir une maison à soi, » toujours est il qu'en
commun ils achetèrent un terrain, puis se rendirent au siège
de la Société de crédit immobilier voisine où ils y trouvèrent
l'accueil le plus sympathique. Lorsqu'on leur demanda
comment ils comptaient constituer le cinquième du prix
total de l'immeuble exigé par la loi Ribot, ils répondirent
qu'ils étaient propriétaires d'un terrain et demandèrent qu'on
vînt le voir.

Le secrétaire de la Société de crédit immobilier se rendit
bientôt sur les lieux et le terrain qui lui fut montré lui
parut peu propice à la construction. C'était un talus crayeux
très en pente, il avait été payé 15 fr. Il fit observer à ses
nouveaux clients qu'en dehors des inconvénients que présentait ce terrain, il constituait un gage vraiment insuffisant.

— Bien, répondirent les deux travailleurs, nous repas-
serons.

Ils achetèrent pelles, pioches et brouettes, aplanirent une
large superficie de terrain prenant la craie à droite et la
rejetant à gauche, creusèrent un puits de 30 mètres de profondeur, puis revinrent trouver le secrétaire général de la
Société de crédit. Nouvelle visite. Cette fois, le gage fut
estimé de valeur suffisante, et la société prêta à chacun des
deux travailleurs les 2.500 fr. dont ils avaient besoin. On se
mit immédiatement à l'ouvrage et les deux maisons étaient
à peine construites que deux jardins luxuriants les entou-
raient.

Lorsque nous les avons visitées, la femme de l'un d'eux

nous dit simplement, avec ce naturel touchant qui est un attribut de ces braves gens modestes : « Je ne croyais pas qu'on pouvait être aussi heureuse ; mon mari qui me laissait si souvent seule, ne va plus au café ; toutes nos économies servent maintenant à embellir notre maison ; regardez-la. »

Après la visite complète, la vraie visite du propriétaire, elle nous montra un superbe poulailler tout crénelé, en forme de château-fort, dont la construction avait certainement absorbé quelques matinées dominicales.

Quant aux idées anarchistes, elles s'étaient envolées ; et ceux qui se seraient présentés pour *nationaliser* la petite propriété, auraient été certainement mal accueillis. Et qu'on ne vienne pas dire que l'accession à la propriété développe l'égoïsme et diminue l'admirable générosité qui règne généralement dans les milieux ouvriers ; l'éminent auteur de la loi de 1918, M. Ribot, dans une magistrale conférence faite à la Ligue de l'Enseignement, a insisté sur ce point, en citant des faits probants.

*
* *

Ne résulte-t-il pas, d'une manière indubitable, de tout ce qui précède, que l'étiage moral d'une famille de travailleurs s'élève immédiatement, dans une prodigieuse proportion, dès que le cadre de sa vie est devenu sain, digne, humain en un mot.

Fixés maintenant quant au progrès moral, il nous reste à indiquer les résultats obtenus par l'habitation à bon marché, au point de vue matériel.

Ici, rien ne pourra être plus probant que les chiffres.

Nous n'avons pas de statistiques portant sur la campagne, puisqu'on n'y trouve presque pas d'habitations à bon marché. Du reste, les mêmes causes produisant les mêmes effets, il est évident qu'on obtiendra aux champs les mêmes résultats qu'à la ville, lorsqu'on voudra bien entrer dans cette voie.

Trois sociétés d'habitations à bon marché, dont deux très importantes, abritaient à Paris, à la fin de 1913, 7.556 habitants, population plus considérable que celle de beaucoup de nos sous-préfectures. Dans ce total figuraient 4.721 enfants, soit plus de 3 en moyenne par famille.

Ces sociétés, à tous les précieux services qu'elles rendaient, ajoutaient celui de publier des statistiques très consciencieusement et intelligemment faites.

Or, la mortalité moyenne, pour ces 7.556 habitants, ressort à un peu moins de 8 1/2 pour mille, variant suivant les sociétés de 7,2 à 9,9 pour mille.

Les statistiques officielles de la ville de Paris indiquent, pour les quartiers respectifs où sont situés les immeubles de ces sociétés, 18,4, 20,6, 22,4, 24,1, et 25,8 pour mille.

La mortalité est donc entre 2 fois et demie et 3 fois moins élevée dans les maisons des Sociétés d'habitations à bon marché.

Remarquons qu'il s'agit de la mortalité moyenne dans les maisons de tout un quartier ; que deviendrait cette différence si la comparaison était établie seulement avec les maisons habitées par les travailleurs où la mortalité est sensiblement plus élevée que la moyenne ?

On a dit que la clientèle des habitations à bon marché constituait une aristocratie parmi les travailleurs. A cela nous répondrons par un seul chiffre. La moyenne des salaires des locataires de la plus importante des trois grandes sociétés indiquées plus haut était, à l'époque où les statistiques ont été faites, de 6,72 par jour, et toutes les maisons de cette société sont dans Paris.

On a dit encore que lorsqu'une épidémie surviendrait, ces maisons pour familles nombreuses constitueraient un très grand danger et que ce seraient de véritables hétacombes qu'elles auraient à subir. Des articles sensationnels ont été publiés dans de grands journaux à ce sujet. Or, en 1912, la rougeole et la scarlatine ont causé terriblement de décès parmi les enfants déjà si peu nombreux de Paris ; elles n'ont pas atteint ces immeubles. La Société des habitations hygiéniques pour familles nombreuses qui, à elle seule, logeait 1857 enfants, n'a eu à enregistrer que 11 cas et pas un cas mortel.

⁎

Les hygiénistes et les initiateurs de l'œuvre de l'amélioration du logement des travailleurs pourraient-ils offrir des preuves plus éclatantes du bien-fondé des idées qu'ils préconisent ?

Nous n'avons pas encore de statistiques sur la mortalité, dans les petites maisons construites grâce aux avantages offerts par la loi Ribot ; nous sommes persuadé, pour notre part, que les résultats seront encore supérieurs à ceux que nous venons d'indiquer.

Il serait particulièrement intéressant de les mettre en regard des chiffres qu'apporterait l'enquête que nous réclamons depuis 9 ans sur le logement des travailleurs ruraux et sur la mortalité dans les communes rurales ; les révélations en seraient, nous le craignons, malheureusement navrantes. Ici aussi, les taudis sont nombreux, et le grand air et le soleil, pendant la journée, ne parviennent pas à contrebalancer l'intoxication qui se produit pendant la nuit dans ces demeures si insalubres.

La diminution de la mortalité justifierait amplement, à elle seule, la nécessité de l'habitation à bon marché, mais celle-ci comporte encore beaucoup d'autres bienfaits qui ne sont pas de moindre importance.

Sans parler du confort, de la respectabilité, que comportent ces conditions meilleures du logement, plusieurs modalités différentes permettent d'obtenir d'autres avantages moraux et matériels. Il en est ainsi lorsqu'on groupe les habitations sous forme de cités-jardins, ce qui permet d'instituer des services généraux et sociaux dont jouissent tous les habitants.

Moyennant une dépense supplémentaire peu considérable pour chacun quand on est nombreux, l'ensemble des travailleurs qui vivent dans les maisons de ces cités-jardins peuvent jouir d'une maison commune avec salle de réunions et société coopérative de consommation ; de pelouses de jeux permettant de se livrer aux sports si agréables et si bienfaisants : courses à pied, tennis, cricket, foot-ball, exercices de gymnastique, pièces d'eau pour la natation, le canotage, le patinage en hiver etc... etc...

Mais ne soyons pas si ambitieux, et cherchons d'abord à obtenir, dans les centres ruraux, un grand nombre de petites maisons saines, même si elles sont isolées les unes des autres, ce qui paraît devoir s'imposer dans le plus grand nombre des cas, car nous devons désirer que chacune soit entourée d'une modeste exploitation.

Dans la vie rurale, le rôle des femmes est peut-être plus important qu'à la ville. Comment la pauvre femme le remplira-t-elle dans un bouge ? C'est elle qui est la gardienne du foyer ; la maison familiale est son royaume et il est de première importance. Son pouvoir y est très grand et ses devoirs sont en proportion, mais comment les remplira-t-elle, si c'est dans un taudis qu'elle est appelée à régner ? Au lieu d'en faire un asile de bonheur, elle y trouvera une prison et peut-être bientôt une tombe. La femme est l'ange ou le mauvais génie de la maison ; suivant qu'elle aime son intérieur, ou qu'elle s'en détache, la famille est prospère ou misérable ; or, comment aimerait-elle ce foyer, s'il est repoussant ?

Tous ceux qui ont vécu au milieu des travailleurs savent que lorsqu'une famille ouvrière s'élève, l'homme est souvent bien, mais la femme l'est toujours ; quelquefois les choses marchent convenablement même si le mari n'est pas parfait, mais à condition que la femme soit irréprochable. Par contre, nous n'avons jamais vu d'exemple d'une famille de travailleurs heureuse et prospère quand la femme est mauvaise.

De la valeur de la femme dépend celle de la famille.

Et tant valent les familles, tant vaut la nation.

Or, une famille saine ne peut pas exister dans une maison malsaine.

Celle-ci constitue un foyer d'épidémie aussi bien au moral qu'au physique. Une épidémie de haine sociale vaut-elle mieux qu'une épidémie de fièvre typhoïde ?

CHAPITRE VII

LOIS EN FAVEUR DU DÉVELOPPEMENT
DE LA PETITE PROPRIÉTÉ

L'accession à la petite propriété. — Les Sociétés de crédit immobilier et les Sociétés de crédit agricole. — La loi du 19 mars 1910. — La loi du 9 avril 1918, les *pensionnés militaires* et les *victimes civiles de la guerre*.

L'ACCESSION A LA PETITE PROPRIÉTÉ

Si nous nous sommes étendus aussi longuement sur la question de l'habitation, c'est que nous la considérons comme primordiale.

Nous sommes d'ailleurs convaincus qu'au point de vue agricole l'amélioration du logement constitue le moyen le plus puissant d'arrêter l'exode vers les villes.

Nous avons longuement exposé les principes et le fonctionnement de la loi Ribot, persuadés que tous nos lecteurs y reconnaîtront le moyen le plus puissant de conserver aux champs les travailleurs agricoles et qu'ils se demanderont comment, depuis 11 ans, on n'a pas encore tiré parti de cette loi parmi ceux pour lesquels elle semble avoir été tout particulièrement faite.

Y a-t-il un seul chef-lieu de canton quelque peu important où il soit impossible, avec le concours de la Caisse d'épargne, du département et de la commune qui ont le droit de souscrire des actions des Sociétés de crédit immobilier dans la proportion d'un tiers du capital, de réunir les 25.000 fr. nécessaires ?

Nous avons montré que le revenu de ces 25.000 fr. convertis en valeurs garanties par l'Etat suffisait à assurer le dividende à servir aux souscripteurs de ces 250 actions de 100 fr.

Ensuite, c'est l'Etat qui fournit les fonds à 2 %.

Où sont, dans cette organisation, les charges qui pèsent sur le cultivateur ?

Nous n'en voyons aucune ?

Les avantages de la loi ont encore été élargis en 1912, à la demande de l'éminent M. Jules Méline.

Un article stipule que, lorsqu'à une habitation rurale sera ajoutée une étable, une grange, ou un petit atelier d'artisan, le maximum du prix que peut atteindre, dans la localité une maison à bon marché sera augmenté de 2.500 fr (Ce chiffre devra être porté à 5 ou 6.000 fr.). Du reste, deux autres propositions de M. Méline actuellement pendantes devant le Parlement apporteront aux ouvriers agricoles voulant devenir propriétaires, des avantages encore plus considérables.

Mais voici l'étable ajoutée à la maison ; c'est maintenant au Crédit agricole à intervenir ; c'est lui qui peut prêter au nouveau propriétaire l'argent nécessaire pour acheter la vache, le cochon ou les moutons qui vont former la base de la petite exploitation agricole.

Quelles merveilles ne peut-on pas espérer réaliser en associant le Crédit immobilier et le Crédit agricole ?

Et maintenant, croit-on que l'heureux possesseur de cette modeste exploitation qui va lui permettre d'avoir dans son jardin potager tous les légumes dont il a besoin, d'avoir du lait, des œufs, des volailles, des lapins, tout en réalisant encore quelques bénéfices supplémentaires, tout cela sans préjudice d'un salaire tout différent de celui qu'il touchait jadis, sera aussi disposé à délaisser la campagne pour la ville ?

C'est à tort, croyons-nous, qu'on prétend découvrir dans les goûts du travailleur rural, un revirement complet ; son amour de la terre a disparu, dit-on. Nous pensons, au contraire, qu'il l'aime plus que jamais ; jusqu'à la volonté même d'en posséder une parcelle, et que c'est lorsqu'il lui faut renoncer à voir son rêve réalisé qu'il se décide à l'exode.

Offrez-lui les moyens de se rendre acquéreur d'une portion même minime du sol national qu'il a si bien défendu, et vous verrez alors s'il ne lui restera pas fidèle.

Non seulement le travailleur rural aime la terre, mais nous ne croyons pas exagéré de dire que ce sentiment est partagé par presque tous les Français et qu'aucun peuple peut-être ne porte plus enraciné au fond de son cœur l'amour de la propriété.

La clientèle des Sociétés de crédit immobilier est surtout composée, au moins pour celle dont nous avons eu à nous occuper, d'ouvriers urbains ; la plupart d'entre eux n'ont jamais vécu près d'un jardin. A peine sont-ils en possession d'un terrain qu'ils s'y rendent chaque dimanche et quelquefois le soir pendant la semaine ; ils l'arpentent de long en large, on lit dans leur regard : « ceci est à moi », et il serait dangereux d'essayer de le leur enlever. C'est encore bien mieux lorsque la maison est construite, le petit jardin aménagé et cultivé ; nous l'avons dit plus haut. Et ces braves gens qui n'ont quelquefois jamais manié une bêche ni un rateau, se révèlent en bien peu de temps, jardiniers émérites.

.·.

L'œuvre des jardins ouvriers fournit une preuve tout aussi convaincante de l'amour de tous les travailleurs français, aussi bien urbains que ruraux, pour la terre. Beaucoup de sociétés ne permettent pas d'acquérir la propriété du jardin ; il n'est loué que conditionnellement, jusqu'à ce qu'il soit réclamé par le propriétaire, afin d'y ériger une construction. Néanmoins, ces petits jardins aménagés sur des sols quelquefois bien peu favorables sont tous admirablement cultivés, et leurs locataires sont cependant tous des ouvriers urbains.

Certaines sociétés assurent la disposition pendant 5 ans d'une superficie de 2 ou 300 mètres carrés à un travailleur, s'il consent à défricher un terrain chargé de cailloux et d'aspect infertile. Il est donné gratuitement pour un an ou deux, puis pour un loyer modique pendant les dernières années. Toujours ces jardinets trouvent preneurs ; il n'y en a même jamais suffisamment pour satisfaire aux demandes.

De toutes ces constatations, ne résulte-t-il pas que l'attachement du travailleur pour la terre, dans notre pays n'a nullement diminué, et qu'il faut chercher ailleurs la cause de la désertion des campagnes.

Des agriculteurs, au sein du conseil de l'Association nationale pour la protection de la main-d'œuvre agricole où nous avions été appelés il y a quelques mois, nous ont fait cette objection : « Mais lorsque nos ouvriers seront propriétaires, ils nous quitteront. »

« C'est possible, mais ils ne quitteront pas leur petite propriété » avons-nous répondu, et c'est l'essentiel parce que s'ils ne travaillent pas chez vous, ils travailleront chez le voisin. Les ouvriers du voisin viendront chez vous, et cela reviendra au même, jusqu'à ce que les uns et les autres se soient rendu compte qu'il n'y a à ces changements aucun intérêt.

*
* *

Peut-être une difficulté se présentera-t-elle pour obtenir le terrain nécessaire pour créer ces petites propriétés. Il semble cependant que les propriétaires agricoles qui se plaignent à si juste titre de la désertion des campagnes et des difficultés qui en résultent pour eux comprendront l'intérêt qu'ils ont à aider à la constitution de ces petites propriétés.

Une autre objection nous a été faite également. Bien peu d'ouvriers auront des économies suffisantes pour pouvoir constituer le cinquième du prix de l'immeuble suivant la teneur de la loi.

Les salaires agricoles ont, comme les salaires urbains largement augmenté, tandis que le prix de la vie ne s'accroissait pas dans les mêmes proportions pour ceux qui sont à la source de la production.

Ce n'est point seulement dans les Caisses d'Epargne des villes que les excédents des versements ont progressé dans d'énormes proportions, dépassant d'une manière prodigieuse ceux d'avant la guerre.

D'ailleurs, pourquoi les propriétaires et les agriculteurs n'avanceraient-ils pas à certains travailleurs auxquels ils sont particulièrement attachés, une partie du cinquième qui leur serait remboursé aussi consciencieusement que le sont les annuités dues aux Sociétés de crédit immobilier. Une importante Société de crédit immobilier, qui avait, avant la guerre plus de 3 millions de prêts en cours et touchait de ses emprunteurs, près de 20.000 fr. par mois de mensualités avait, comme mensualités en retard, au moment de son Assemblée générale, 133 fr. 80 en tout et pour tout.

Un travailleur qui veut avoir sa petite maison s'impose n'importe quels sacrifices pour l'obtenir, et il est certainement le débiteur le plus ponctuel et le plus consciencieux qu'on puisse rêver.

Nous en avons vu un qui, croyant avoir le cinquième exigible, a reconnu, au moment de la signature du contrat qu'il lui manquait encore 150 fr. — « C'est bien, dit-il, on mangera des pommes de terre pendant 2 mois. » Avant les deux mois échus, il arrivait avec les 150 fr.

Les Comices agricoles, les Associations qui délivrent des prix pourraient les donner sous forme de complément du 1/5ᵉ nécessaire pour l'acquisition de la petite maison. Quels effets supérieurs à la remise d'une simple somme d'argent, on obtiendrait ainsi !

LES SOCIÉTÉS DE CRÉDIT IMMOBILIER ET LES SOCIÉTÉS DE CRÉDIT AGRICOLE

Enfin, le Crédit agricole dont la fondation due à M. Méline, constitue un de ses plus beaux titres de gloire, et qui obtient sur les redevances de la Banque de France de l'argent à 0 pour cent, ne pourrait-il pas, dans des cas intéressant, prêter à 1/2 pour cent par exemple, remboursable en 20 ans, la moitié du cinquième.

En outre, il n'est pas impossible que la loi du 10 avril 1908 soit modifiée et qu'on exige plus des emprunteurs, que le 1/10e du prix total de l'immeuble au lieu du cinquième.

On nous pardonnera la longueur de ce chapitre sur la petite propriété, notre excuse est que nous sommes convaincus que, par elle, les agriculteurs obtiendront des résultats hors de toute proportion avec ce qu'ils peuvent concevoir.

Nous estimons que la loi Ribot, est, de toutes nos lois de solidarité, celle qui a la plus haute portée sociale, moralement et matériellement. L'armature sociale la plus forte de la France réside dans ses 10 millions de propriétaires. Chaque fois qu'un travailleur devient propriétaire, c'est un complément de dignité qui lui est conféré ; il sent immédiatement qu'en même temps qu'une parcelle du sol Français lui est confiée, de nouveaux devoirs s'ajoutent à ceux qui lui incombaient déjà. Nous l'avons indiqué plus haut, sa générosité native et son esprit de solidarité n'en sont nullement diminués. Peut-être, par exemple, devient-il plus indépendant et moins apte à certaines main-mises.

Mais, dans une exploitation agricole, bien des conditions différentes se présentent ; certains travailleurs ont besoin d'avoir leur logement dans la ferme même, et, dans ce cas, celui-ci doit forcément appartenir au propriétaire.

*
* *

Nous ne referons pas ici la description mille fois mise sous les yeux du lecteur, du logement de ces ouvriers agricoles généralement célibataires ; c'est souvent un lit dans l'écurie, dans l'étable ou dans la bergerie, tantôt au même niveau que les animaux, tantôt placé en hauteur, tout près du plafond, avec une échelle donnant accès à la petite planche formant rebord, les effets accrochés à des clous plantés sur les solives, le lit composé d'un fond de paille sur lequel sont posés un matelas et un traversin.

D'autres fois, c'est le simple couchage à la paille dont la suppression a été demandée par une proposition de loi déposée par M. Dumas, député.

Les inconvénients moraux, hygiéniques, matériels d'un semblable état de choses ont été maintes fois décrits ; tout le monde est d'accord sur ce point, cela doit disparaître sans délai.

Déjà, dans plusieurs exploitations, on a organisé pour ceux qui doivent pouvoir venir au secours des animaux pendant la nuit, des chambres placées au bord des écuries et étables avec larges vitrages, permettant du lit une surveillance équivalente à celle que rendait possible l'ancienne organisation.

Peut-être peut-on entrevoir mieux encore ?

Ces charretiers ou bergers chargés de la surveillance des animaux ne sont pas en général des tout jeunes gens, mais plutôt des hommes d'un certain âge. Pourquoi les condamner au célibat, ou, s'ils sont mariés, les séparer de leurs femmes ? Ne pourrait-on pas, au lieu d'une simple chambre, avoir, le long du mur de l'écurie ou de l'étable, une petite maison où habiterait la famille du gardien, avec une chambre à l'étage, remplissant les conditions de celle que nous avons décrite toute à l'heure ?

Les jeunes valets de ferme habitent aussi, la plupart du temps, l'écurie.

Les servantes de ferme sont généralement très mal logées, soit dans les greniers, soit quelquefois dans de véritables soupentes.

Tout cela doit être amélioré, et les lois sur les Habitations à bon marché apportent aux cultivateurs des moyens qu'ils n'ont jusqu'ici pas utilisés pour aider à cette transformation.

LOI DU 19 MARS 1910

Rien, dans les dispositions législatives, ne s'oppose à ce que des prêts soient faits à des cultivateurs dont la situation n'est pas sensiblement différente de celle des travailleurs peu fortunés, pour construire des parties de maisons remplissant les conditions de salubrité imposées par la loi, et dont le loyer ne dépasserait pas les maxima fixés.

En outre, l'article 1ᵉʳ de la loi du 19 mars 1910 sur le Crédit agricole à long terme, habilite les sociétés de crédit agricole à consentir des prêts individuels à long terme, destinés à faciliter aux agriculteurs l'acquisition, l'aménagement, la transformation et la reconstitution des petites **exploitations rurales**.

Ces prêts peuvent atteindre le chiffre de 8.000 fr. et leur durée aller jusqu'à quinze années.

Les sociétés de crédit agricole ne sont tenues d'exiger de leurs emprunteurs, comme garanties, que l'hypothèque ou l'assurance sur la vie, tandis que les Sociétés de crédit immobilier sont obligées de les réclamer toutes deux.

Ces prêts peuvent être consentis aux agriculteurs à un taux extrêmement bas, puisque les Sociétés de crédit agricole ne reçoivent leurs capitaux que de l'Etat sur les redevances annuelles de la Banque de France et sans intérêts.

En outre ces prêts ne sont pas limités comme ceux des Sociétés de crédit immobilier, à la maison d'habitation, au jardin ou au champ d'une superficie d'un hectare ou d'une valeur de 1.200 fr. au maximum ; c'est toute l'exploitation rurale qui est admise à en bénéficier.

Aucune condition limitative de situation de fortune n'est édictée dans la loi ; tous les agriculteurs peuvent donc solliciter ces prêts. En outre, et nous devons dire que cela nous paraît regrettable, aucune condition d'hygiène et de progrès au point de vue de la salubrité n'est imposée.

Comment expliquer qu'un nombre relativement faible d'agriculteurs ait profité des avantages de cette loi ?

Combien elle offrirait de facilités pour réaliser, par exemple, cette amélioration du logement des domestiques et des servantes de ferme, qui est si urgente !

Si les petits cultivateurs éprouvaient des difficultés pour réaliser ces modifications à l'aménagement de leurs maisons, ils pourraient être utilement secondés par le remarquable service des améliorations agricoles (maintenant dénommé service du génie rural), qui constitue un des rouages les plus bienfaisants du Ministère de l'Agriculture. Les inspecteurs et ingénieurs du service des améliorations agricoles font, dans leurs plans généraux d'exploitations agricoles, une part importante aux logements des fermiers et de leurs employés ; ils seraient donc parfaitement aptes, non seulement à dresser les devis de ces petites constructions ou d'amélioration de maisons existantes, mais aussi à surveiller les travaux. Ils pourraient même peut-être, nous semble-t-il, avoir un droit d'inspection comme celui qui est dévolu aux délégués des Comités de patronage des habitations à bon marché et qui leur permet d'empêcher que par l'usage qui en est fait, des locaux reconnus salubres au moment de leur réception, puissent devenir insalubres.

LA LOI DU 9 AVRIL 1918 SUR LES PENSIONNÉS MILITAIRES ET LES VICTIMES CIVILES DE LA GUERRE

Toujours dans cet ordre d'idées si important de l'accession à la propriété, une autre loi a été votée par le Parlement, le 9 avril 1918, en faveur des pensionnés militaires et des victimes civiles de la guerre.

Elle met à leur disposition, pour la construction de petites propriétés familiales par l'intermédiaire des sociétés de crédit agricole et des sociétés de crédit immobilier, des capitaux au taux de 1 °/₀ avec réduction de 0,50 °/₀ par enfant. Elle réduit l'exigence du cinquième et permet que le titre de pension serve de garantie pour une partie de sa valeur.

En dehors des habitations qui font, pour ainsi dire, partie intégrante de la ferme, il peut être nécessaire d'en construire pour des journaliers ou pour des ouvriers d'autres professions travaillant au village et qui ne cherchent pas à devenir propriétaires. Il y a lieu alors de s'adresser à des sociétés d'habitations à bon marché existantes, ou d'en fonder s'il n'en existe pas dans la région. Celles-ci feront construire ensuite, une ou plusieurs maisons dont elles resteront propriétaires et qu'elles loueront seulement. Ces sociétés jouiront des privilèges accordés aux Sociétés anonymes d'habitations à bon marché, et devront simplement se conformer aux règles qui les régissent. Il nous semble que les maisons collectives à étages ne paraissent pas indiquées à la campagne, mais que 4 maisons accolées, avec un seul étage, et entourée chacune de leur jardin pourraient être le meilleur mode de construction dans ce cas.

De tout ce que nous venons d'indiquer, presque rien n'existe à la campagne ; les lois sur les habitations à bon marché y sont à peu près inconnues alors qu'elles eussent dû y être mises en pratique en même temps que dans les villes. On eût ainsi retenu aux champs la population rurale; on eût évité son afflux vers les villes qui est le principal élément de hausse des loyers urbains, du surpeuplement, de l'insalubrité et de la survivance du taudis ?

Espérons, qu'enfin, le développement de l'œuvre de l'habitation à bon marché va se produire dans nos régions agricoles et qu'elle prendra un rapide essor pour le plus grand bien et pour la prospérité de notre agriculture.

CHAPITRE VIII

LA COOPÉRATION DANS L'AGRICULTURE

Les coopératives d'achat et de consommation. — Les coopératives de production agricole.

LES COOPÉRATIVES D'ACHAT ET DE CONSOMMATION

« La coopération, a dit M. Charles Gide, l'éminent économiste, est la plus vivante synthèse du libéralisme orthodoxe et du socialisme. »

Son développement en France, bien qu'il n'approche pas de celui qui s'est produit en Angleterre, a cependant été fort important depuis les dernières années du XIXᵉ siècle.

La coopération paraît être, dans des cas très nombreux, la meilleure solution à apporter à des conflits d'intérêts qui, bien qu'ils soient souvent spéciaux, arrivent, par leur multiplication, à nuire à la prospérité générale. Il nous paraît souhaitable que ce principe bienfaisant soit introduit partout où il peut l'être. Nous croyons que cela pourrait être dans une quantité d'entreprises où il n'a pas encore pénétré et où il viendrait féconder la production, améliorer la condition du consommateur, améliorer aussi les conditions du logement, augmenter le nombre des propriétaires, et développer le crédit, tout en offrant aux capitaux une utilisation souvent meilleure.

Toutes les catégories sociales ont intérêt à mettre en pratique la coopération, mais les travailleurs, en particulier, y trouveront l'un des moyens les plus certains d'améliorer leur situation matérielle. Elle développera aussi chez eux l'application de leur esprit de solidarité, tout en les habituant à administrer. Suivre les travaux d'une coopérative constitue un modeste enseignement de l'économie politique, dont l'ignorance et la méconnaissance font un tort si grand à notre pays.

Aussitôt qu'une Société coopérative d'habitation a constitué un groupe de logements sains de quelqu'importance, elle s'empresse, avec juste raison, d'y installer une coopérative de consommation qui en est le complément indispensable.

A la campagne, ce n'est pas seulement au point de vue des denrées de consommation que ces coopératives sont nécessaires, c'est peut-être plus encore pour tout ce qui est utile à la production, à la mise en valeur du sol et à l'utilisation de ses produits. Semences, instruments aratoires, machines agricoles, engrais, tous ces besoins peuvent être groupés et satisfaits par des achats en commun faits dans des conditions beaucoup plus avantageuses que celles qui seraient imposées au petit cultivateur isolé.

Une fois les récoltes de toutes sortes obtenues, la coopérative ne pourra-t-elle pas encore intervenir utilement pour assurer au petit cultivateur leur écoulement dans des conditions beaucoup plus lucratives que celles qu'il peut, par lui-même espérer. Elle le fera profiter de prix plus rémunérateurs, et surtout elle lui épargnera des dérangements coûteux et lui évitera les pertes considérables qui résultent de ce fâcheux et si ruineux absentéisme trop répandu dans tant de nos régions rurales. Ce n'est pas seulement le travail du chef qui manque, en général, quand il n'est pas là.

Un des hommes les plus compétents sur ce point, qui est aussi un de nos agronomes les plus distingués, M. Louis Tardy, Directeur du Service agricole au Musée social, dont les travaux très remarquables font autorité, l'a dit dans une brochure sur « Le Crédit et la coopération agricole en France ». C'est seulement par l'extension de l'emploi des procédés coopératifs, que la petite propriété peut devenir égale ou même supérieure à la grande, et c'est le développement de la coopération qui peut seul favoriser efficacement ce retour à la terre dont la nécessité devient de plus en plus grande.

.·.

Les Sociétés coopératives d'achat et de consommation intéressent au premier chef le travailleur agricole : celles de production, de transformation et de vente lui apportent aussi des avantages réels ; peut-être ceux-ci vont-ils plus directement au petit propriétaire dont la situation est d'ailleurs si rapprochée de celle de l'ouvrier ; enfin les Sociétés de crédit agricole sont, pour tous les deux, d'un très grand prix. Nous nous occuperons donc brièvement de ces trois catégories de coopératives.

Sans remonter à des organisations très anciennes qui mettaient en œuvre les principes de la coopération avant que le mot leur fut appliqué, il sied de rappeler que quelques ouvriers agricoles, notamment ceux de Rouen et de Trévoux commencèrent à faire des achats en commun au profit exclusif des membres de leur association. Bientôt, de 1881 à 1883, sur l'initiative de MM. de l'Ecluse et Tanviray, professeurs d'agriculture, deux « syndicats agricoles » furent fondés dans le but d'acheter en commun, pour le plus grand avantage de leurs membres, et avec de sérieuses garanties de qualité et de teneur, les engrais dont l'emploi se généralisait et commençait à s'intensifier.

A peine la loi de 1884 sur les syndicats professionnels était-elle votée que les syndicats agricoles en réclamaient le bénéfice.

Aujourd'hui, ceux-ci sont au nombre de plus de 5.000 et ils ont pris une part considérable à la transformation de notre agriculture ; leur rôle est d'ailleurs encore appelé à s'élargir et à s'accroître.

M. de Rocquigny, dont l'autorité en ces matières est universellement reconnue, a dit : « Le syndicat agricole, d'abord simple procédé économique d'achat, s'est élevé au rang d'institution essentiellement apte à améliorer la condition morale et sociale des paysans ; de la coopération, il s'est acheminé vers les services de la mutualité, travaillant efficacement à répandre le bien-être, à combattre les maux qui menacent le cultivateur et à consolider la paix sociale. »

En groupant les besoins, en confiant la direction des opérations à des hommes compétents actifs et consciencieux, en achetant par quantités importantes et sans intermédiaires, aux fabricants eux-mêmes ; en vérifiant avec soin la qualité des marchandises, les associés des Sociétés coopératives d'achat et de consommation disposent de denrées de bonne qualité, à des prix sensiblement inférieurs à ceux du détail. Par exemple, les boulangeries coopératives qui sont au nombre de plus de 700 dans l'ouest de la France qui cèdent le pain à leurs adhérents au prix de revient, ou l'échangent contre le blé ont fait de si bonnes affaires que quelques-unes possèdent des moulins qui transforment en farine le blé apporté par leurs sociétaires. Dans ces conditions « les écus de la boulangère » restent dans la poche de ceux qui ont confiance dans la coopération.

Il y a dans bien des campagnes, des coopératives de consommation ordinaires et des épiceries coopératives, d'ailleurs encore trop peu nombreuses. Dans les unes, les denrées sont livrées au prix de revient, inférieur à ceux qui sont généralement pratiqués au détail ; dans d'autres, les prix sont les mêmes que ceux des commerçants voisins et, à la fin de l'année les bénéfices réalisés sont l'objet, pour chaque sociétaire, d'une « ristourne » de tant pour cent sur le montant des achats effectués par lui au cours de l'année.

Le droit d'entrée que doit payer chaque sociétaire est extrêmement réduit, presqu'insignifiant, tout à fait à la portée des travailleurs les plus modestes.

Pourquoi donc ces coopératives ne se sont-elles pas développées davantage dans nos campagnes ?

Parce que, comme pour beaucoup d'autres organisations et aussi d'autres progrès comme nous l'avons déjà plusieurs fois indiqué au cours de cette étude, quantité de nos concitoyens n'ont pas la moindre idée de ce qu'est la coopération.

.·.

Nous nous moquons volontiers de ces petits meetings en plein air, tenus en grand nombre, les jours de **repos**, en Angleterre et en Écosse, au coin d'une **rue**, au bord d'un square. On y voit un orateur, qui, la tête découverte, parle avec animation devant de braves gens qui, très souvent, restent longtemps à écouter debout. Fréquemment, c'est un sujet religieux qui fournit le thème de cet entretien, mais ce serait une erreur de croire qu'il en est toujours ainsi ; la coopération, par exemple, ou toute autre question d'intérêt social pratique, évident, en fait tout aussi bien les frais. Il y a là un moyen de faire pénétrer les idées qui donne, en Angleterre, des résultats intéressants.

Nous craignons qu'en France, il ne puisse avoir le **même** succès, mais ce que nous voulons montrer, c'est le **soin** qu'on apporte, chez nos voisins, à expliquer à ceux qui peuvent en profiter, les avantages nouveaux qui sont **mis à** leur disposition.

Ne parle-t-on pas autant chez nous ? Même davantage, croyons-nous, mais, malheureusement d'une manière beaucoup moins utile, et, dans les milieux populaires, en **général**, moins désintéressée. Oh ! ce captage des voix **constamment** poursuivi, que de mal il aura fait à notre pays ! Quand donc les électeurs sauront-ils distinguer un homme sérieux et moralement honnête d'un farceur, et mettre à la porte les flagorneurs ?

Si les Sociétés de consommation ordinaires n'ont encore pris qu'un développement trop restreint, il n'en est pas de même pour celles qui fournissent à leurs sociétaires des engrais, des produits alimentaires pour le bétail, des produits nécessaires à la viticulture ou d'une manière générale, à l'exploitation du sol, des instruments agricoles, etc... etc... Ces sociétés font de la coopération et de la plus utile, quel

que soit le nom qu'elles portent. Dans l'ensemble elles
arrivent à un chiffre d'affaires fort important et sont accessibles à tous les petits propriétaires même aux plus modestes.

LES COOPÉRATIVES DE
PRODUCTION AGRICOLE

Les Sociétés coopératives de production, de transformation
et de vente sont en plein développement. Chaque jour, l'importance de celles qui existent s'accroît, et il s'en fonde de
nouvelles.

Les plus anciennes sont les fruitières ou fromageries
coopératives de l'Est de la France qui concentrent la production laitière d'un assez grand nombre d'exploitations.
Tantôt elles revendent ce lait tel quel dans de grandes
villes ; le plus souvent, elles le transforment en fromage.

Les quantités moyennes de lait traitées journellement en
1911, d'après les indications données par M. Louis Tardy,
variaient de 30 à 2.500 kilogs et le litre de lait était, en
moyenne, payé au producteur de 0,12 à 0,15 pour être
transformé en fromage de Gruyère ; de 0,14, 0,18 ou 0,26
quand il était destiné à la vente directe aux consommateurs.
Naturellement tout a été bouleversé par la guerre, mais
renaîtra certainement.

Les coopératives transformant le lait en beurre se sont
largement développées à partir de 1887, en Charente et en
Poitou, surtout après la crise viticole. 125 réunissant près
de 80.000 familles de cultivateurs possédant environ 200.000
vaches laitières, se sont groupées en une Association centrale des laiteries coopératives des Charentes et du Poitou.
Ses recettes dépassaient, avant la guerre, 40 millions de
francs, réalisés par des ventes aux Halles centrales : la
moitié de la consommation de Paris en beurre était ainsi
assurée.

Des coopératives similaires pour la fabrication du beurre

ont été fondées et augmentent constamment en nombre, **en** basse et haute Normandie, en Indre-et-Loire, dans l'Aisne, les Ardennes, la Haute-Saône, l'Aube, la Côte-d'Or, l'Yonne, la Drôme. etc...

Grâce à toutes ces organisations, le travailleur agricole possesseur. d'une vache, ou le petit cultivateur peuvent presque toujours être assurés de vendre ce qui n'est pas nécessaire à leur consommation, et c'est fort intéressant pour eux.

C'est aussi par l'Est que la coopération a commencé à se répandre en viticulture.

Descendant ensuite vers le Midi, elle a atteint les départements des bords de la Méditerranée.

La création d'importantes Sociétés de coopératives viticoles a permis la fondation de véritables usines pour la vinification, dont les installations sont, en général, conçues d'après les progrès les plus récents réalisés en œnologie.

La vinification est faite en commun pour les produits de plusieurs propriétés ; inutile de dire que le foulage par les pieds des vignerons et autres procédés du même genre n'y sont plus pratiqués. Des caves construites et aménagées de façon à obtenir la température et toutes les conditions favorables à la bonne fermentation et ensuite à la conservation du vin font partie de toutes ces installations.

Des installations semblables ont été créées dans le Bordelais. dans le Tarn, dans le Var et heureusement en Algérie où les magnifiques vignobles n'ont pas, pendant longtemps. donné à leurs propriétaires les revenus légitimement espérés, parce que les procédés de vendange et les installations étaient défectueux.

Dans le Midi, il existe maintenant quelques vineries où l'on concentre le jus de raisin, sans le laisser fermenter. On obtient ainsi une espèce de miel ou de confiture qui est susceptible de se conserver pendant un temps très long. Dissous ensuite, il donne du vin sans alcool, ou plutôt un sirop de raisin d'un goût très agréable, comme celui des sirops de fruits.

Cette industrie qui n'est qu'à ses débuts et dont l'un des initiateurs est M. E. Barbet, ancien président de la Société des ingénieurs civils de France, présente un très grand intérêt pour les propriétaires grands et petits, et même pour les travailleurs agricoles dont la vigne dans des années exceptionnelles produit plus que ce qui est nécessaire à leur consommation. Au lieu de vendre le vin à des prix dérisoires, et quelquefois d'en laisser se perdre, ils peuvent, en formant des vineries coopératives, tirer de leur récolte un très bon produit par la transformation en miel de raisin.

Un débouché considérable peut être ouvert à ce produit aux Etats-Unis où, à la suite de la décision de plus des deux tiers des Etats, la consommation des boissons fermentées titrant plus de 2 ou 3 degrés a été interdite. Ces boissons seront remplacées par le vin sans alcool, et les moyens de le produire seront pendant longtemps insuffisants. Les miels de raisins, si même on en produisait des quantités importantes dans nos régions viticoles lors des années d'abondance, trouveraient donc un écoulement assuré en Amérique. Ce produit tenant peu de place et pouvant être aisément transporté, beaucoup plus facilement que le vin, paiera peu de fret ; toutes les conditions paraissent donc réunies pour que nos viticulteurs trouvent là un important profit.

On peut tout aussi bien, dans les années d'énormes récoltes de pommes, où l'on en arrive quelquefois, dans certaines régions, à les donner à ceux qui veulent bien les ramasser et les transporter, faire, avec le cidre concentré, un produit similaire, un miel de jus de pommes, possédant les mêmes propriétés et présentant les mêmes avantages que le jus de la vigne.

* *

Le principe de la coopération a été adopté peu a peu en agriculture pour la transformation et la vente de presque tous les produits.

Nous avons signalé plus haut les boulangeries et même les meuneries coopératives ; il y a aussi des féculeries qui, dans les Vosges, produisent plus de 40 °/₀ de la fécule livrée à l'industrie. Les distilleries coopératives sont nombreuses dans le Midi et dans le Sud-Ouest. Il y a des sucreries, des huileries, des distilleries d'essence de fleurs, des fabriques de conserves de fruits et de légumes, et même une fabrique coopérative de choucroute.

Il s'est aussi formé des Sociétés coopératives pour l'emploi en commun de machines agricoles, faucheuses, moissonneuses, semoirs, râteaux, etc... (comme il devra s'en former pour le labourage mécanique) des Sociétés coopératives de battage et d'outillage agricole existent en particulier à Montreuil-sur-Brèche et Haudivillers (Oise), Danville et Saint-André (Eure), dans le Loir-et-Cher, la Haute-Vienne, les Deux-Sèvres, la Dordogne, l'Yonne.

Il existe maintenant, dans le Midi, des coopératives pour la vente et l'expédition des fleurs et de tous les primeurs et fruits. A Saint-Malo, il y a une coopérative spéciale pour la vente des pommes de terre nouvelles en Angleterre ; il y en a dans le Nord pour le rouissage et le teillage du lin, et aussi, pour la vente du blé.

A certaines coopératives de laiterie sont annexées des porcheries qui constituent, en réalité, de vraies coopératives d'élevage : mais nous n'avons pas encore, en France, de coopératives pour la vente du bétail, ni d'abattoirs coopératifs qui existent en grand nombre et sont très prospères en Danemark.

On ne peut que regretter également le nombre trop réduit de coopératives de vente des œufs et des volailles.

Une société coopérative pour le transport des betteraves par voie ferrée a été constituée, en 1908, à May-en-Multien (Seine-et-Marne).

Comme coopératives d'exploitation de terre et comme coopératives ouvrières, M. Louis Tardy ne cite qu'une ferme coopérative au Lavandou (Var) « L'Émancipatrice paysanne » de Maraussan (Hérault) et l'horticulture ouvrière de Sceaux.

Il signale également des coopératives de culture de la vigne ou Vignes mutualistes, et enfin, le village coopératif de Tirman (Algérie) résultat des efforts de « La Colonisation française » qui est une mutualité coloniale.

Des coopératives résinières se sont fondées dans les Landes entre propriétaires et métayers pour la production de la résine et la fabrication de l'essence de térébenthine. L'une d'elles, présidée et dirigée par Mme Wallerstein avec un grand dévouement, a pris une réelle importance.

Nous avons dit plus haut qu'il n'existait pour ainsi dire pas de sociétés d'habitations à bon marché à la campagne, coopératives ou autres et, ne nous bornant pas à le déplorer, nous avons indiqué les moyens propres à combler une lacune aussi grave ; c'est une question vitale pour notre agriculture et une cause certaine d'exode rural.

Les coopératives agricoles peuvent, depuis le vote de la loi du 29 décembre 1906, recevoir des prêts des Caisses régionales de crédit agricole et leur développement a été ainsi stimulé.

Il existe une Fédération nationale de la mutualité et de la coopération agricole présidée par l'éminent sénateur qui a rendu tant de services signalés à l'agriculture, M. Viger, qui a englobé la Fédération nationale des coopératives de production et de vente que présidait M. Tisserand.

*
* *

L'importance du développement de la coopération en agriculture au cours de ces dernières années peut être entrevue, d'après les détails ci-dessus. Ces progrès n'ont pu être obtenus que parce que des hommes dévoués, comprenant leur devoir social au même degré que leur tâche pédagogique, les professeurs d'agriculture, et les présidents, vice-présidents et sécrétaires de syndicats n'ont pas épargné leur peine. Comme le dévoué M. Daudé-Bancel l'a fait dans les centres urbains, ils sont allés vers les populations agricoles et leur ont fait comprendre par quels liens de solidarité, même involontaire, ils sont unis, et **quels** avantages ils réaliseraient en s'associant chaque fois que ce serait possible. Peu à peu, les agriculteurs se sont rendu compte que, par la coopération, ils pourraient mieux acheter ce dont ils ont besoin, produire davantage et mieux vendre leurs produits, et ils se sont empressés de suivre les conseils qui leur étaient donnés.

On ne peut douter que, lorsque ces mêmes instructeurs, faisant un pas de plus dans l'accomplissement du devoir social, leur montreront l'obligation de la coopération pour des buts moraux, ils obtiendront le même succès.

La solidarité existe, que nous le voulions ou non, **d'une** manière bien plus certaine encore en tout ce qui touche au progrès moral d'abord, et ensuite à l'hygiène, et au mieux être social. Combien en ces matières la répercussion même au point de vue matériel est inévitable et immédiate !

Volontairement ou non, on est bien autrement solidaire de son voisin en matière d'hygiène, par exemple, qu'en ce qui touche à la production agricole ou à la consommation. De l'hygiène simple à l'hygiène sociale qui la contient toute entière, le pas pourra être vite franchi dans l'enseignement des bienfaisants moniteurs sociaux que sont déjà un peu et que voudront être de plus en plus nos professeurs d'agriculture. On peut dire d'une manière un peu vulgaire, mais expressive « qu'en hygiène, tout paie », c'est-à-dire que tout effort est immédiatement récompensé. Il en est de même en matière d'hygiène sociale, et nous sommes bien certains que lorsque ces dévoués missionnaires verront les heureux résultats produits par leur enseignement, ils se sentiront largement récompensés.

* *

La coopération au point de vue du crédit n'a pas pu se fonder exactement dans les mêmes conditions que pour les achats, la production, la vente et la consommation ; un cadre un peu différent était indispensable.

En effet, ceux qui ont voulu instituer d'une manière un peu moins empirique et un peu moins ruineuse pour l'agriculteur, le crédit agricole, se sont vite rendu compte que les conditions ne sauraient y être les mêmes qu'en industrie ou en matière commerciale. Les produits que l'agriculteur va acheter avec les capitaux qui lui sont avancés sont confiés à une grande transformatrice qui réalise des miracles bien autrement merveilleux que les actions réglées de nos plus belles machines ; aussi exige-t-elle pour cela un certain temps.

Pendant les longs mois (près de dix pour le blé) qui sont nécessaires pour obtenir la récolte de la semence confiée à la terre sans oublier les substances fertilisantes aussi achetées au moyen d'avances, l'industriel aura transformé d'énormes quantités de coton, de laine, de lin ou de jute, achetées avec une même somme constamment mobilisée, multipliant ainsi le capital avancé. Il ne peut donc y avoir en agriculture que du crédit à long terme.

Il faut aussi que ce crédit soit accordé à des conditions suffisamment modérées pour qu'il laisse un bénéfice possible dans des exploitations où un capital donné ne permet de faire qu'un chiffre d'affaires 10 et 20 fois inférieur à celui qui peut être réalisé en industrie et plus encore, sous ce rapport, dans certaines entreprises commerciales comme les grands magasins.

Il est en outre nécessaire, en agriculture, que le banquier opère comme nos anciennes banques locales, dont un si grand nombre ont malheureusement disparu pour le plus grand dommage de nos industriels, c'est-à-dire, qu'il soit près de son client et par conséquent toujours renseigné sur sa valeur et sur ses capacités, de manière à ne pas hésiter à accorder un large découvert à celui qui saura le bien utiliser, tandis qu'il avancera peu à celui qui ne mérite pas confiance.

Après bien des essais, qui tous furent malheureux parce qu'on n'avait pas pris la peine de rechercher les conditions logiques d'une telle entreprise, et peut-être aussi parce que les considérations politiques avaient amené les déviations ordinaires, M. Jules Méline a trouvé la formule actuelle basée à la fois sur la mutualité et sur la coopération. Consciencieusement mise en pratique, les résultats considérables déjà obtenus montrent ce qu'elle pourra donner.

Ici encore, le principe coopératif garde toute sa valeur.

Qui peut le mieux apprécier les qualités essentielles d'un agriculteur, et par suite, le crédit qu'il mérite, que ses voisins, les témoins de sa vie et de son activité ? Comment les messieurs de la ville pourraient-ils avoir, dans ce cas, des données sérieuses ?

Il est donc beaucoup plus sûr pour les cultivateurs de s'en remettre à l'appréciation de leurs pairs. Est-ce suffisant ?

Pas tout à fait, parce que si ce ne sont pas leurs propres fonds qui sont engagés, si ce sont, par exemple, ceux de l'Etat dont on est si prodigue (comme s'ils ne sortaient pas de la poche de chacun de nous !) de nombreux actes de complaisance pourraient se produire.

On est donc obligé, pour s'appuyer sur une base vraiment solide, d'obtenir une coopération réelle ici comme ailleurs, c'est-à-dire d'exiger que la caution de tous soit accordée à celui qui emprunte, et que celui-ci à son tour, serve également de caution à ceux qui garantissent aujourd'hui sa solvabilité, lorsqu'à leur tour ils auront besoin de recourir au crédit.

Des banques organisées suivant ces principes sont de véritables associations d'agriculteurs constituant une solide garantie mutuelle, puisqu'ils se cautionnent les uns les autres, et offrent aux tiers une façade sérieuse.

Ils peuvent alors espérer qu'ils obtiendront d'eux les capitaux dont ils ont besoin et les délais de remboursement qui leur sont nécessaires. Les crédits ne sont accordés qu'à ceux qui font partie de l'association.

Ces conditions étant remplies, l'Etat intervient alors en faveur des agriculteurs.

.
. .

Un assez grand nombre de lois ont été édictées au sujet du crédit agricole. Il y en a 5 : celles du 5 novembre 1894, du 14 janvier 1908, du 20 juillet 1909, du 15 février 1910, et du 19 mars 1910, chacune ayant pour but d'apporter une nouvelle amélioration.

C'est ainsi qu'ont été fondées, sur les bases que nous avons indiquées plus haut, les Sociétés de crédit agricole.

Leur objet exclusif est de faciliter les opérations concernant la production agricole, effectuées par les syndicats agricoles ou par les membres de ceux-ci.

Le quart du capital souscrit doit être versé ; il est constitué par des parts nominatives dont les syndiqués possèdent des quantités variables suivant leurs moyens. Ces parts ne sont pas susceptibles de rapporter des dividendes, mais peuvent recevoir un intérêt fixe.

Les propriétaires de parts ne sont engagés que pour le montant de leur souscription.

Toutefois, les statuts peuvent imposer que chacun sera responsable jusqu'à concurrence d'un certain multiple de sa souscription, ces conditions sont obligatoires pour les succursales locales des Caisses régionales, qui demandent à l'Etat des avances pouvant s'élever à quatre fois le montant de leur capital.

Les Sociétés de crédit agricole sont exemptées du paiement de la patente et de l'impôt sur les valeurs mobilières, et leur constitution s'opère d'après des règles très simples et à peu de frais. Les Caisses locales sont habilitées à recevoir des dépôts soit sans intérêts, soit comme les Caisses d'Epargne avec intérêts, à servir. Elles ont le droit de contracter des emprunts destinés à augmenter leur fonds de roulement et à réescompter les effets.

Les Caisses d'Epargne sont autorisées à consacrer le cinquième de leurs fonds libres et la totalité de leurs revenus à faire des prêts aux Sociétés de crédit agricole.

Les ressources de beaucoup les plus importantes de crédit

agricole proviennent du versement forfaitaire de 40 millions que l'Etat a exigé de la Banque de France, en 1897, au moment du renouvellement de son privilège, et qu'il lui a attribué.

Il ne s'est pas borné là et il y a ajouté la redevance proportionnelle que la Banque de France est tenue, sur ses bénéfices, de lui verser chaque année ; celle-ci atteignait annuellement, avant la guerre, plus de 7 millions et s'est accrue, depuis la guerre, dans d'énormes proportions. Les sommes accumulées dépassent actuellement et de beaucoup 100 millions.

Ces capitaux sont avancés sans intérêt aux Caisses régionales de crédit agricole, par décision d'une Commission de répartition présidée par le Ministre de l'Agriculture. Les Caisses régionales qui sont des fédérations de Caisses locales, consentent alors à celles-ci les avances qui leur sont nécessaires, soit en vue de prêts directs, soit pour réescompter les effets signés par les syndiqués et à eux escomptés par les caisses locales.

Les avances consenties par l'Etat aux Caisses régionales peuvent atteindre 4 fois le montant de leur capital versé dans les cas ordinaires, et 6 fois ce même montant lorsque les prêts sont destinés à des viticulteurs, mais à condition que les associés de ces Caisses locales se soient solidairement engagés pour la totalité de leur avoir et non pas seulement pour le montant de leurs parts souscrites. Ces avances sont remboursables dans un délai maximum de 5 ans.

Les Caisses régionales ouvrent ensuite des crédits aux Caisses locales sous leur responsabilité et conformément aux prescriptions du décret du 16 avril 1905.

C'est au moyen de ces divers organismes et sous l'empire de cette législation qu'a été organisé le crédit à court terme aux syndicats agricoles, aux Sociétés coopératives agricoles de production, aux Sociétés d'assurances mutuelles et aux agriculteurs.

Ensuite a été promulguée la loi du 29 décembre 1906 instituant le crédit à long terme aux coopératives de production, de transformation et de vente.

Enfin, une loi du 19 mars 1910 a autorisé, comme nous l'avons dit plus haut, à propos de l'habitation, les Caisses de crédit agricole à consentir aux agriculteurs des prêts à long terme en vue de l'acquisition, de l'aménagement, de la transformation ou de la reconstitution des petites exploitations rurales. Pour ce genre de prêts, les Caisses régionales peuvent même recevoir des avances complémentaires, toujours sans intérêt, dont le maximum peut atteindre le double de leur capital social (non plus le capital versé) et remboursable seulement dans un délai de quinze ans. Comme nous l'avons dit plus haut, le montant de ces prêts individuels ne peut dépasser 8.000 fr., somme portée par une loi récente au chiffre de 20.000 fr.

La loi permet que les petites exploitations pour lesquelles ces prêts auront été consentis soient ensuite transformées en biens de familles insaisissables : la Caisse de crédit doit, dans ce cas, prendre toutes les garanties nécessaires pour que la loi sur le bien de famille ne lui soit pas opposée lorsqu'elle exigera le remboursement.

*
* *

Grâce à cette organisation essentiellement favorable, le Crédit agricole a fait en France, depuis 20 ans, des progrès très réels. Le nombre des Caisses régionales arrive à la centaine, et celui des Caisses locales qui dépassait 3.400 en 1912 a encore augmenté. Le montant des prêts dépassait, en 1911, 150 millions.

Déjà, en 1900, M. de Rocquigny estimait que le mouvement d'affaires des syndicats agricoles était d'environ 200 millions.

A la fin de 1910, 126 sociétés coopératives de production, de transformation et de vente, se répartissant en 53 laiteries coopératives ; 27 coopératives vinicoles ; 6 coopératives oléicoles et vinicoles ; 3 coopératives oléicoles et vinicoles ; 12 distilleries coopératives ; 15 coopératives de battage et 10 coopératives diverses avaient reçu des avances.

A la même date, les crédits ouverts en exécution de la loi du 19 mars 1910 dépassaient 4 millions.

Les Caisses régionales dont le capital versé dépassait en 1911, 14 millions, s'étaient constitué des réserves atteignant 3 millions ; celles des Caisses locales atteignaient 1.200.000 francs.

A côté des Sociétés de crédit affiliées aux Caisses régionales, il existe 7 ou 800 caisses rurales prêtant non seulement aux cultivateurs, mais aussi aux petits artisans ruraux. C'est à l'Union des Caisses rurales et ouvrières à responsabilité illimitée qu'elles sont affiliées.

Plus d'un millier de Sociétés sont ainsi groupées autour de la Fédération nationale de la mutualité et de la coopération agricole, dont une section, réservée au Crédit agricole, réunit la presque totalité des Caisses régionales ayant reçu des avances de l'Etat.

Pour éviter aux Sociétés coopératives des difficultés avec le fisc et pour empêcher que certaines autres sociétés n'abusent des mots de coopération ou de mutualité dont elles n'ont que le nom, M. Louis Tardy estime que les principes suivants devraient être adoptés.

1°) Produits livrés ou fournis par les seuls sociétaires.

2°) Parts nominatives dont le taux de remboursement ne pourrait en aucun cas excéder le prix initial.

3°) Pas de dividende au capital, mais un intérêt fixe limité.

4°) Excédents annuels, déduction faite des charges (amortissements, intérêt du capital, frais généraux, réserve légale etc...) répartis seulement entre les coopérateurs au prorata des opérations faites par eux avec la Société coopérative.

Nous ferions, pour notre part, quelques objections au premier principe indiqué. Pourquoi empêcher une coopérative d'acheter partout où elle y trouvera avantage ? Ses sociétaires se sont groupés en vue de profits à réaliser, et voici une source qui est immédiatement tarie, sauf pour les sociétaires qui pourront lui vendre leurs produits. Le danger à craindre est, il est vrai, la transformation de la société coopérative en une affaire commerciale ordinaire.

Nous venons de le voir, d'après cette rapide esquisse, la coopération s'est développée en France pendant ces dernières années, en plusieurs de ses modalités. La France a cependant été largement devancée par des pays voisins, notamment par l'Angleterre.

La première coopérative anglaise semble avoir été celle des Equitables Pionniers de Rochdale, fondée en 1844. Cette société, qui a débuté par un groupement de 28 familles d'humbles tisserands, en compte aujourd'hui 20.000 comme adhérents qui se répartissent des produits divers d'une valeur de 20 millions et reçoivent, en fin d'année, 2 millions de ristournes.

En 1916, il y avait en Angleterre 1400 Sociétés coopératives de consommation auxquelles adhéraient 3 millions de *familles* entre lesquelles se répartissaient une quantité de marchandises d'une valeur de **2 milliards 500 millions**.

Le centre principal des coopératives est, pour l'Angleterre, Manchester, et pour l'Ecosse, Glasgow. Des entrepôts importants existent à Newcastle, Londres, Oldham, Edimbourg, Bristol, Liverpool et dans d'autres villes importantes. Les coopérateurs possèdent une fabrique de chocolat à Lutton, des meuneries à Oldham, Silvertown, Dunston et Trafford ; des fabriques de biscuits, de confitures et de conserves à Middleton et à Crumpsol ; des fabriques de savon à Irlam, Dunstor et Silvertown ; des fabriques de produits chimiques et de produits divers à Pelawon-Tyne, des usines de charcuterie à Trallec (Irlande) et à Herning (Danemark) ; une imprimerie à Longsight ; des fabriques de tabac à Manchester ; de chaussures à Leicester et à Heckmondwicke ; de literie et de meubles à Keigley, à Boughton et à Newcastle etc... Les magasins de gros coopératifs du Royaume Uni ont des plantations de thé à Ceylan ; une raffinerie d'huile à Sydney ; des comptoirs d'achat à New-York, Montréal, Dénia, Aarhus, Elesjerg, Odense, Copenhague, Gothenborg, Rouen, Armagh, Cork, Limerick, Trallec, et jadis à Hambourg ; des concessions à Sierra-Leone, d'où viennent, pour leurs savonneries, l'huile de palme et les arachides. Ils ont, dernièrement, acheté au Canada 4.000 hectares de terre à blé dont le produit est destiné à leurs moulins d'Angleterre.

Remarquons qu'il ne s'agit ici que de coopératives de consommation et que beaucoup de catégories indiquées par nous dans le mouvement français figurent, en Angleterre, dans d'autres statistiques.

Le Royaume Uni représente à lui seul les cinq huitièmes du mouvement coopératif mondial.

Quels avantages un aussi admirable développement qui, loin d'être arrêté, ne recule maintenant devant aucune entreprise audacieuse, apporte aux familles de travailleurs anglais. De combien est diminué, pour celles-ci, le coût de la vie !

Mais il ne suffit pas de constater ces résultats merveilleux, il est utile de rechercher comment ils ont été obtenus.

*
* *

En tout premier lieu, la principale source de succès de ces entreprises est due à la ferme volonté qu'ont montré les associés, de confier toujours aux plus dignes et aux plus capables d'entre eux la direction de leurs affaires communes.

Avec un jugement et une perspicacité remarquables, ils n'ont point pris ceux qui s'offraient tout d'abord, mais ils ont eux-mêmes été chercher ceux qui leur semblaient désirables.

Une fois leur choix arrêté, la plus parfaite discipline et une réelle confiance règnent entre les sociétaires ; chacun est prêt à venir en aide aux directeurs, personne ne s'ingénie à miner leur autorité et à leur créer des difficultés.

Lorsqu'il s'est agi d'entreprises plus importantes, loin de se croire omniscients ou de nier la science parce qu'ils ne la possédaient pas, les coopérateurs anglais sont allés chercher, en dehors de leur adhérents, les spécialistes techniques qui leur étaient nécessaires, et eux, modestes ouvriers, ont trouvé tout naturel d'offrir à ces hommes ayant des capacités supérieures et des connaissances qu'ils n'avaient pas, des situations considérables. Sans doute, ces chefs ont pu faire leur fortune, et légitimement, mais les coopérateurs n'ont-ils pas regagné au centuple ce qu'ils leur ont alloué ?

La parfumerie passe pour une industrie assez lucrative, or la coopérative aurait déjà réalisé un bénéfice sensible en achetant le savon et autres produits en gros au fabricant, mais combien plus le coopérateur a-t-il gagné sur le prix de fabrication de ce savon !

Ne perdons donc pas de vue que la coopération ne consiste pas seulement dans des questions de chiffres, qu'il ne suffit pas de calculs intelligents et exacts pour y réussir, mais qu'il y faut des qualités morales, de la perspicacité, de la discipline, du bons sens, du désintéressement, et un véritable esprit de solidarité.

Il y faut aussi, essentiellement, un esprit d'entreprise qui est exactement le contraire de l'esprit étatiste.

« Si la coopération était appliquée aux administrations publiques, dit M. Daudé-Bancel, l'un des plus admirables apôtres de ces idées, elle apporterait, là aussi, ses sages méthodes et ses bons résultats.

« Or, souvent, l'Etat gère mal (nous n'aurions pas hésité à dire toujours). Il n'a jamais fait son inventaire, ni son bilan. Par manque d'organisation, un industriel qui gérerait comme lui, ferait faillite, dans la plupart des cas, après avoir ruiné ses actionnaires. Les fonctionnaires ne sont pas foncièrement mauvais. *Ils le deviennent*, parce que leur gestion est presqu'entièrement d'*irresponsabilité* ».

Combien de fois, au cours de ces dernières années, avons-nous entendu, dans les discours officiels, vanter la coopération ! Partout on la couvre de fleurs, mais au moment d'agir, c'est la voie absolument opposée qu'on choisit et c'est pour le plus grand malheur de notre pays.

*
* *

Ne nous décourageons pas cependant. Il y avait en France, avant la guerre, 3.261 Sociétés coopératives de consommation, groupant plus de 880.000 familles entre lesquelles se répartissaient annuellement des produits d'une valeur de 321 millions. Nous sommes bien loin de nos voisins d'Outre-Manche, mais ils nous ont tracé la voie en faisant eux-mêmes les expériences du début ; nous n'avons plus maintenant qu'à suivre un chemin tout tracé. Des hommes de haute valeur et d'un admirable dévouement sont à la tête du mouvement ; le succès est certain si nous voulons redoubler d'énergie. Nous apprenions par l'un de ceux-ci, dernièrement, qu'une compagnie minière dirigée par un ingénieur de premier ordre qui est en même temps un grand philanthrope, avait aidé à la formation par les ouvriers de la mine d'une importante coopérative. Celle-ci avait pour but d'exploiter le terrain sous lequel s'étend la mine et auquel on ne porte souvent pas grande attention dans des exploitations de cette importance et d'y créer une ferme d'élevage, dont le troupeau fournit aux travailleurs, dans d'excellentes conditions le lait, le beurre, les œufs, etc. .

Tout cela est encourageant, et de nature à stimuler les bonnes volontés. L'avenir est à la coopération qui a devant elle d'immenses perspectives infiniment fructueuses pour les travailleurs aussi bien agricoles qu'urbains.

CHAPITRE IX

LA MUTUALITÉ DANS L'AGRICULTURE

L'assurance mutuelle contre la mortalité du bétail, contre l'incendie, contre la grêle, contre les accidents.

ASSURANCE MUTUELLE CONTRE
LA MORTALITÉ DU BÉTAIL

Nous l'avons dit : le premier pas est fait en agriculture dans la voie de la solidarité en ce qui concerne les risques matériels. Jusqu'au milieu du XIXe siècle, produisant à peu près tout ce qui était indispensable à sa famille, l'agriculteur, comme l'a dit Emile Cheysson, en était arrivé « à tracer son sillon solitaire, sans se préoccuper de son voisin qui traçait de même le sien, l'un et l'autre se complaisant dans cet isolement égoïste et farouche ».

Peut-être est-ce dans les régions viticoles que l'esprit de solidarité, de mutualité a commencé à se manifester publiquement. Des sociétés vigneronnes existaient à une époque assez éloignée qui étaient, en réalité, de véritables sociétés de secours mutuels, ne distribuant toutefois que des secours en nature. Quand la maladie ou un accident frappait un sociétaire et le mettait dans l'impossibilité d'accomplir certains travaux culturaux, ses associés le suppléaient gratuitement. C'est surtout en Touraine et en Bourgogne que ces associations placées sous le patronage de Saint-Vincent se créèrent. D'autres, qui étaient horticoles, se formèrent sous le patronage de Saint-Fiacre, celles des tanneurs, avec Saint-Roch, des forgerons avec Saint-Eloi, etc...

C'étaient des espèces de confréries, mais en réalité de véritables sociétés de secours mutuels avant la lettre.

Dans les sociétés formées dans les régions de petite culture, chacun venait acheter de la viande d'un animal mort lorsqu'elle pouvait être consommée, afin d'amoindrir la perte de celui qui était frappé. Si la viande était inutilisable, le propriétaire de l'animal mort était autorisé à faire une quête dont le produit l'aidait à remplacer l'animal perdu.

Puis il y eut les cotises et les consorces, véritables sociétés d'assurance mutuelle contre la mortalité du bétail.

M. Louis Tardy, dans une de ses remarquables publications, rappelle « que les Caisses départementales de secours contre la grêle et l'incendie de l'Aube, de la Marne, de la Meuse et des Ardennes sont aussi fort anciennes et que quelques unes datent de plus d'un siècle ».

Loin de se développer, le mouvement vers la mutualité dont le nom n'était pas encore adopté, s'atténua plutôt pendant la première moitié du XIXe siècle, reprit faiblement sous le second Empire, et prit une allure infiniment plus rapide sous la troisième République, qui a tant fait pour l'agriculture.

La culture intensive se développant, devait peu à peu conduire à une certaine spécialisation, et, par suite, à une sensible augmentation de risques. Celui qui place tout son enjeu sur une seule carte est forcément plus exposé que celui qui l'a divisé.

La production augmentant, la création de nouveaux débouchés s'imposait ; l'association devenait indispensable, non seulement pour diminuer les risques en les faisant porter sur un plus grand nombre d'épaules, mais aussi afin d'améliorer la situation de chacun.

L'agriculteur dépendant dans une si large mesure des lois de la nature généralement si favorables, puisque c'est par elles que nous avons les moyens de vivre, mais, dans des cas spéciaux tellement impitoyables, devait naturellement plus que tout autre, chercher à se garantir contre tant de risques inéluctables.

N'est-il pas exposé, à la fin de juillet, alors qu'il admire ses champs chargés de récoltes exceptionnellement belles, prêtes à être fauchées, à voir tout détruit, haché en quelques instants, par la grêle d'un terrible orage ? Ou bien, c'est le viticulteur dont la vigne est chargée de magnifiques grappes vermeilles ; la grêle survient, en quelques minutes, tout le travail et l'espoir d'une année sont perdus.

Est-ce encore l'éleveur dont les étables sont abondamment garnies de superbes animaux lorsqu'une épidémie se déclare et décime le troupeau ?

Comment, en présence de tant de fléaux qui le menacent, l'agriculteur ne chercherait-il pas à conjurer le péril ? n'est-il pas mutualiste par destination ?

Il l'a montré, dans notre pays, surtout depuis 40 ans. La mutualité s'est présentée à lui sous des modalités diverses.

* **

Signalons immédiatement l'aide importante apportée au mouvement mutualiste en agriculture par le procédé ingénieusement employé par certains agriculteurs faisant partie des syndicats agricoles, des sociétés coopératives d'achat, de production, de vente, de consommation et de crédit. Ils ont décidé de consacrer une partie des bénéfices réalisés par ces diverses associations à la création de Sociétés d'assurance mutuelle contre les principaux risques sous la menace desquels ils vivent constamment.

La loi du 4 juillet 1900 et l'inscription annuelle au budget d'un crédit de 1.200.000 fr. pour aider à la création de ces sociétés ou pour leur accorder des subventions en cas de cataclysmes imprévus, ont beaucoup aidé à leur développement.

Les sociétés d'assurance mutuelle contre la mortalité du bétail étaient en 1908 au nombre de 7.500, comptant 40.500 assurés pour un risque total s'élevant à 438 millions.

ASSURANCE MUTUELLE CONTRE L'INCENDIE

Les Sociétés d'assurance mutuelle contre l'incendie pour
les risques spécialement agricoles étaient en train de se
multiplier rapidement. Il y en avait à la même époque, fin
1908, 1.540, assurant 60.155 membres pour une valeur de
687 millions.

ASSURANCE MUTUELLE CONTRE LA GRÊLE

Les Sociétés d'assurance mutuelle contre la grêle s'ac-
croissent en nombre peu à peu, et donnent des résultats
satisfaisants. Dans certaines régions viticoles, on a installé
des canons paragrêle ; on tient des fusées toujours prêtes et
lorsque paraissent les gros nuages, chargés de grêle, tous ces
moyens de défense entrent en jeu ; en entend de véritables
bombardements, et quelquefois une pluie abondante se produit ; le fléau est évité.

ASSURANCE MUTUELLE
CONTRE LES ACCIDENTS

Il existe aussi des Sociétés d'assurance mutuelle contre
les accidents ; elles ne sont malheureusement pas encore
très importantes. Il en est de même pour celles qui, en petit
nombre, ont été fondées contre les gelées.

Ne nous étonnons pas de ce que les résultats obtenus ne
sont pas plus considérables ; pesons-les en mettant dans
l'autre plateau de la balance la propagande entreprise ?

A-t-elle été suffisante ? Certainement non. Nous ne faisons
pas notre devoir vis-à-vis de nos concitoyens, de nos frères
des campagnes. Lorsque nous avons parlé à la ville, devant
une salle où se pressent 4 ou 500 auditeurs, nous croyons

avoir fait œuvre utile et lorsqu'à la campagne, nous sommes en présence de 15 ou 20 agriculteurs intéressés, nous estimons avoir perdu notre temps. Cependant sur nos 500 auditeurs urbains, il n'y en aura peut-être pas 5 qui, malgré leurs applaudissements, auront vu leurs idées modifiées, ou, en tout cas, changeront quelque chose à leur vie.

Sur nos 15 ou 20 auditeurs ruraux peut-être, si nous avons été clairs et convaincants, aurons-nous obtenu plus de résultats réels, quelques adhésions qui se transformeront en actes et qui sont vraiment les seules ayant du prix ?

L'œuvre d'éducation et de propagande est donc à peine ébauchée, son extension et son intensification s'imposent impérieusement aux mutualistes et à tous.

Commençons par agir auprès des syndicats communaux moins nombreux où la propagande peut avoir un caractère plus intime et plus pénétrant. Ensuite nous pourrons aller vers les syndicats cantonaux, puis départementaux.

Pourquoi y a-t-il si peu de femmes parmi les mutualistes ? Elles ont, à la campagne, une si grande importance et un pouvoir si considérable ! Elles sont douées d'une puissance de persuasion, surtout dans les milieux agricoles, bien plus grande que la nôtre ; le devoir social s'impose à elles tout aussi bien qu'à nous.

Aux mutualités de les attirer à elles et de leur faire comprendre la grandeur du rôle magnifique qui leur appartient comme missionnaires sociales auprès de cette France rurale si riche en admirables qualités que nous avons le devoir d'éclairer, à laquelle nous devons apporter tous les progrès au fur et à mesure qu'ils sont possibles.

Comment ne comprendraient-ils pas, *dès qu'on se donnera la peine de le leur expliquer*, comme on l'a fait ailleurs, qu'ils doivent en toute circonstance, faire acte de prévoyance et mettre les leurs en même temps qu'eux-mêmes, à l'abri de tous les risques contre lesquels ils peuvent s'assurer.

Pour cela, il faut qu'ils connaissent les institutions de prévoyance qui sont à leur portée (encore une fois, qui les leur a fait connaître ?)

Alors ils accompliront certainement le devoir de prévoyance qui s'impose à eux d'abord en faveur des êtres qui leur sont confiés après qu'ils ont cru devoir le faire pour leurs biens matériels.

Par la coopération et par la mutualité, l'état social de notre pays peut être transformé : les haines si souvent nées de la jalousie peuvent être puissamment atténuées ; la fraternité doit se développer, et le bonheur de chacun être largement accru. Mettons-nous à l'ouvrage ; la récolte de progrès, de bien-être et de joie qui nous est promise vaut le centuple de la peine que nous nous donnerons pour l'obtenir.

CONCLUSIONS

A) L'importance de la production agricole et le rôle du travailleur
rural dans le relèvement social et économique de la France. — Le
retour à la terre. — Le rôle de l'électricité.

L'IMPORTANCE DE LA PRODUCTION
AGRICOLE ET LE RÔLE DU TRAVAIL-
LEUR RURAL DANS LE RELÈVEMENT
SOCIAL ET ÉCONOMIQUE DE LA FRANCE

Ne semble-t-il pas que la Providence a dosé pour la
France d'une manière particulièrement harmonieuse tous
les dons nécessaires à la vie et au bonheur d'une grande
nation ?

Sol, sous-sol, climat, tout y est favorisé dans de justes
proportions ; rien n'y existe à profusion et aucun élément
essentiel n'y manque.

Son sol produit toutes les céréales ; la vigne y donne les
vins les plus variés et les plus exquis ; le pommier fournit le cidre dans tout l'Ouest, tandis que le Nord et l'Est
produisent le houblon nécessaire à la fabrication de la bière
qui constitue la boisson ordinaire dans ces régions.

La richesse des prairies naturelles permet un élevage
rémunérateur qui dépasse légèrement les besoins du pays et
pourrait aisément, avec quelques efforts, constituer une
source d'exportation beaucoup plus importante qu'elle ne l'a
été jusqu'ici.

D'autre part, à défaut de l'existence du charbon et de
forces naturelles considérables, l'esprit inventif, le génie
toujours anxieux de progrès du Français l'aurait naturellement porté, pour une part vers l'industrie.

La France est ainsi un pays à la fois agricole et industriel, mais c'est encore à l'agriculture qu'appartient la prépondérance ; elle occupe toujours le premier rang dans notre activité nationale.

Comment a-t-on pu chercher à créer un antagonisme quelconque entre l'agriculture et l'industrie alors qu'elles sont faites pour se venir en aide, pour se compléter l'une l'autre, l'agriculture fournissant à l'industrie une partie de ses matières premières, tandis que l'industrie fabrique pour l'agriculture les instruments qui, en quantité de plus en plus considérable, lui sont nécessaires. L'industrie et tous ceux qui y collaborent ne sont-ils pas les meilleurs clients de l'agriculteur, et celui-ci n'est-il pas consommateur de produits industriels ?

Etant donnée cette place primordiale, il est impossible de s'exagérer l'importance du développement de la production agricole dans notre pays et naturellement de celui qui en est l'artisan : le travailleur agricole, en vue du relèvement économique et social de la France.

Contrairement à de néfastes théories, venues d'Allemagne où l'on se garde bien de les mettre en pratique, mais où elles sont largement employées pour l'exportation, il faut produire, toujours produire, encore produire. Et cela non pas dans l'intérêt de quelques-uns, mais pour le bien de la nation toute entière. Ceux qui, avant la guerre, préconisaient la restriction en matière de production, peuvent voir aujourd'hui les conséquences de leur système. Il était impossible de prévoir que nous en aurions si rapidement sous les yeux une illustration aussi complète et aussi décisive.

Enfin tout le monde le proclame, aujourd'hui à l'envie : il faut produire.

Dans quel sens doivent être orientés les efforts en vue de l'augmentation de la production agricole ?

Vers l'utilisation de plus en plus complète des forces de la nature et des éléments que celle-ci met à notre disposition.

Que sont nos sources de chaleur artificielle si nous les comparons au soleil ?

Que représentent les réactions les plus ingénieusement obtenues dans nos laboratoires, à côté de celles qui se produisent d'une manière ininterrompue dans la nature ?

Notre plus grand intérêt n'est-il pas d'en surprendre le secret, armés de patience et décidés à ne jamais nous décourager.

Un chimiste digne du grand nom qu'il porte, M. Daniel Berthelot, n'est-il pas parvenu, il y a quelque temps, à obtenir, au laboratoire, au moyen des rayons ultra-violets, ce qu'on avait appelé jusque là un miracle de la nature : la reproduction de la chlorophylle ?

Pour apprendre à utiliser les immenses réserves de toutes sortes que la nature met à notre disposition, ne faut-il pas que nous cherchions à nous rendre compte tout d'abord de la manière dont elle procède elle-même ?

Un des produits les plus précieux, les plus indispensables à l'agriculture, existe à profusion autour de nous, dans l'air même que nous respirons ; nous en possédons, à notre portée, des réserves inépuisables, et cependant, jusqu'ici, c'est à des produits minéraux ou végétaux que nous l'empruntions, en quantités toujours inférieures à nos besoins. C'est il y a bien peu de temps, qu'à la suite de travaux de laboratoire poursuivis avec un constant acharnement pendant des années, on a trouvé un procédé susceptible de fixer en quantité indéfinie l'azote de l'air et de le mettre ensuite, sous une forme assimilable, à la disposition des végétaux.

De tels faits n'illustrent-ils pas cette vérité de tout temps proclamée par M. Tisserand ; que l'agriculture doit, avant tout, se tourner vers la science, et que le laboratoire est au premier rang des organes indispensables à ses progrès et à sa prospérité.

*
* *

C'est par la science qu'il faut nous efforcer de puiser sans cesse dans les immenses réserves que la nature met à notre disposition, en cherchant constamment les moyens de les utiliser toujours plus largement.

Et cela n'ajoute-t-il pas encore à la poésie de la profession agricole ?

Voici l'un des modes essentiels d'augmentation de la production. Toutefois, il n'est pas à la portée de tous, et d'autre part, les recherches des savants ne donnent pas leurs résultats à date fixe. N'y a-t-il rien à faire pendant les intervalles qui séparent les grandes découvertes ?

La tâche est, au contraire, énorme, dès maintenant, rien que pour utiliser et développer ce que nous possédons.

M. Eugène Tisserand auquel nous nous référons encore parce qu'il est actuellement le plus grand de nos maîtres en agriculture, estime que notre production nationale pourrait être à peu près doublée, et il le prouve d'après des statistiques qu'il emprunte à presque tous les pays du Nord et de l'Est, et particulièrement au Danemark. Celui-ci récolte tous nos produits, son climat diffère peu de celui de nos régions du Nord, et les procédés, qui y sont en honneur, peuvent être employés chez nous, le jour où nous le voudrons ; ils sont parfaitement connus et absolument à notre portée.

Puisque la production agricole peut être augmentée en France, elle doit l'être, au moment où notre Patrie a besoin de mobiliser toutes ses ressources, comme elle a mobilisé en 1914 ses vaillants soldats.

C'est, en effet, une autre guerre qui commence : la guerre contre la misère. Il faut, à tout prix, que nous échappions à cette mauvaise conseillère, capable d'engendrer des épidémies morales peut-être plus dangereuses encore que celles d'ordre matériel que d'ailleurs elle traîne toujours après elle.

Comment généralisera-t-on les méthodes de progrès actuellement connues ?

LE RETOUR A LA TERRE

Nous l'avons dit plus haut, d'abord par l'exemple, puis par la propagande, par la publicité. Celle-ci peut s'exercer actuellement sur un terrain bien préparé. Si pénible qu'ait été pour nos poilus revenus à l'agriculture, cette longue guerre, elle a éveillé chez eux l'esprit d'initiative ; la nécessité de se défendre ne laisse pas toujours un temps très long pour la réflexion et elle développe la faculté d'invention. Ils doivent, pensons-nous, revenir du régiment ayant beaucoup vu, ayant beaucoup entendu, et, avec l'habitude de raisonner, de ne pas repousser de prime abord une idée, ayant tant de fois constaté que c'était à des instruments de guerre précédemment inconnus qu'ils ont dû leur salut.

Avant 1870, l'Alsace avait, en France, un rôle infiniment précieux. Jamais, dans ce pays, une idée nouvelle n'était repoussée de prime abord ; elle était passée au crible du solide bon sens alsacien ; si elle contenait quelque chose de bon, c'était soigneusement retenu, tout ce qui était utopie était impitoyablement rejeté.

Nous nous imaginons que notre travailleur agricole va nous revenir dans des dispositions un peu semblables, ayant renoncé à sa défiance ancestrale pour les procédés nouveaux.

Sans doute, ses conditions de vie devront être différentes de celles d'avant guerre. Son salaire a considérablement augmenté, et nous ne pensons pas, quelles que soient les circonstances, qu'il puisse diminuer ; nous ne croyons pas que cela soit souhaitable, ni pour le fermier ni pour l'employé.

Il faut à tout prix que le nombre des travailleurs agricoles ne diminue plus. La première condition pour cela est que ceux-ci trouvent à la campagne des conditions de bien-être au moins équivalentes, supérieures si possible, à celles qui leurs sont offertes dans les centres industriels ou urbains. Ici, il n'y a pas à tergiverser, il y a lieu de se mettre nettement en présence de la réalité.

Mais le salaire n'est pas tout ; il est fonction de la manière dont il est employé.

Et nous sommes encore une fois obligés d'appeler la propagande, l'instruction et l'éducation à notre secours. Cheysson, Landouzy et beaucoup d'autres philanthropes estimaient que le salaire des travailleurs ne fournissait pas à leur familles la moitié du bien-être qu'il était susceptible de leur apporter. Il faut que, par l'enseignement ménager, ils apprennent à l'utiliser au maximum.

Il en résultera une amélioration considérable de la situation du travailleur. Nous traiterons plus loin de toutes les conditions susceptibles d'augmenter la valeur du travailleur rural ; nous voudrions avant examiner ici quelle peut être sa part contributive dans le relèvement économique et social.

Ce n'est pas davantage de travail que nous avons à lui demander ; c'est un travail qui donne un rendement supérieur, et qui exigera une participation plus grande de l'intelligence. Il devra, non pas occuper plus d'heures, mais être plus intensif.

Il est évident que les produits agricoles ne pourront pas se maintenir aux prix actuels ; on désire n'avoir pas à diminuer les salaires, les impôts ne seront point allégés d'ici fort longtemps ; d'où pourra donc venir l'économie dans la production ? Uniquement des nouveaux procédés adoptés et leur mise en œuvre exigera un travail nouveau.

Il faut bien l'avouer ; pendant trop longtemps la main-d'œuvre comptait à peine en agriculture, et le temps n'y était pas non plus estimé à sa juste valeur. C'est seulement dans l'armée qu'on pouvait constater un gaspillage encore plus considérable du personnel et du temps. Le moindre adjudant sous-officier avait, à sa disposition, 3 plantons lorsqu'il n'avait même pas de quoi en occuper un, et quand on avait besoin de quelqu'un à 10 heures, on le commandait pour 7 heures. Après chaque période de 28 jours ou de 13 jours, nos réservistes, habitués à travailler chez eux, revenaient écœurés de l'oisiveté dans laquelle on les avait laissés, et c'était leur excuse pour demander une diminution de la durée de ces périodes militaires pourtant si indispensables à l'instruction de notre armée.

L'héroïsme y a heureusement suppléé.

LE RÔLE DE L'ELECTRICITÉ

Qui de nous se souvient d'avoir vu, au moment de la récolte, décharger devant des greniers, ces immenses chariots remplis de magnifiques gerbes ? Trois hommes étaient généralement employés pour les donner à un quatrième placé au bord de l'unique porte, percée au centre du grenier. A l'intérieur, 3 ou 4 hommes se les passaient de main en main, jusqu'au bout de l'immense pièce où on les empilait.

Un industriel se demandait immédiatement pourquoi ce grenier n'avait pas trois portes au lieu d'une, ce qui aurait économisé au moins deux des postes sur 4. Aujourd'hui ce ne serait plus suffisant. A chaque porte, il faudrait une chaîne sans fin, mue électriquement et mise en marche simplement en tournant un bouton ; le charretier accrocherait une à une les bottes à la chaîne sans fin ; l'homme placé à la porte les décrocherait et les passerait à l'empileur peu éloigné de lui. Résultat ; le même travail serait exécuté avec une moindre dépense d'énergie musculaire par trois hommes au lieu de sept et plus rapidement.

La barate, si vaillamment maniée par nos fermières qui avaient chacune leur procédé infaillible pour faire prendre le beurre, et qui, cependant, étaient quelquefois obligées d'y passer longtemps, sera bientôt remplacée par la barate mécanique mue à l'électricité ; la crème dont elle sera remplie aura préalablement été recueillie dans une écrémeuse aussi actionnée électriquement.

La batteuse existant dans chaque ferme un peu importante, sera mise en route de même, au moyen d'un commutateur, quand l'ordre de travail primitivement réglé pour la journée aura été dérangé par un changement de temps. Quelle différence avec l'époque où il fallait, longtemps à l'avance, retenir la batteuse mécanique se transportant de ferme en ferme : et quelle simplification, et aussi quelle économie apportera ce nouveau mode d'opérer ; sans compter qu'il permet de diminuer les à-coups, et par suite le chômage, en égalisant mieux le travail.

Pour la préparation de la nourriture des animaux, coupe-racines, concasseurs, hache-paille, tout devra aussi marcher mécaniquement.

Et, enfin, le travail même le plus délicat, celui de nos excellents charretiers laboureurs qui mettaient tant d'amour-propre à leur ouvrage et dont la plupart étaient vraiment d'une habileté remarquable, va, lui aussi, être modifié.

Le tracteur mécanique va remplacer les chevaux et les bœufs, et ce sera une machine, et non plus des êtres animés que le laboureur aura à diriger.

Ici encore, les syndicats agricoles et les unions de syndicats ont admirablement accompli leur tâche. Dès qu'à l'Exposition de la Cité reconstituée, en 1916, les premiers tracteurs, vraiment pratiques, vraiment mis au point ont paru, ils se sont efforcés d'organiser des expériences, des essais pratiques. Leurs efforts ont été couronnés de succès et déjà pendant la guerre, bien des champs qui fussent restés stériles ont été cultivés grâce à ces tracteurs.

Ils vont maintenant se multiplier partout où leur emploi est possible.

*
* *

Ici, encore, un effort sera demandé au travailleur agricole, l'ancien charretier qui était le personnage important de la ferme, devra se transformer en mécanicien ; il restera d'ailleurs toujours laboureur, et ne perdra rien de son importance, au contraire.

Alors, les décourageurs interviennent : Comment transformerez-vous ces campagnards, ces charretiers de ferme en mécaniciens ? La réponse est facile ; l'immense majorité des cochers de fiacre se sont bien transformés en chauffeurs et aussi les cochers privés. Il était certainement plus difficile d'être un bon charretier laboureur que d'être chauffeur. Le passage au régiment pendant cette guerre, aura constitué une excellente préparation, car tous ont été exercés à manier des engins variés et constamment perfectionnés.

Naturellement, les appointements des mécaniciens laboureurs seront beaucoup plus élevés que ceux des charretiers, mais, avec un tracteur, on pourra labourer une superficie de terrain autrement importante qu'avec deux chevaux, et ici encore, le personnel diminuera en nombre.

Il est probable que le mécanicien laboureur sera aussi chargé de l'entretien de tous les appareils électriques et de toutes les machines de la ferme ; il sera l'homme de confiance du fermier, son collaborateur principal ; celui-ci aura tout intérêt, après l'avoir choisi avec discernement, à le payer largement, plutôt davantage qu'un mécanicien occupant en ville un emploi équivalent. S'il peut l'aider à se tenir au courant des progrès du machinisme en agriculture, des inventions nouvelles, entretenir chez lui l'intérêt que porte naturellement chaque mécanicien à tout ce qui est machines, ils n'auront tous deux qu'à s'en féliciter.

Plus que jamais, le précieux contact qui existe à la campagne entre fermiers et travailleurs agricoles devra être maintenu. Dans l'industrie, il arrive que les ouvriers d'un établissement où ils sont au nombre de plusieurs centaines ne connaissent même pas leur patron ; ainsi se créent de graves malentendus, qui seraient évités si les conditions d'exploitation de ces grandes entreprises permettaient d'éviter ces cloisons étanches.

En agriculture, il en est heureusement autrement. Patron et employés travaillent souvent ensemble, et sont, en tout cas, en contact constant. Ils connaissent leur vie réciproque ; ils sont à même de s'apprécier justement les uns les autres ; les sentiments de solidarité peuvent s'individualiser en partie et produire ainsi des effets plus importants.

Il n'y a, entre patrons et travailleurs ruraux, rien du caporalisme boche ; on cause en toute simplicité, sur un ton d'égalité qui n'exclut nullement le respect.

Ce qui s'est passé pendant la guerre ne montre-t-il pas l'intérêt qu'il y a à ce que le chef traite, dans la plus large mesure possible, son subordonné en collaborateur ? N'avons-nous pas vu nos officiers expliquer à leurs soldats ce qu'ils attendaient d'eux, et, chaque fois que c'était possible, le pourquoi des choses ? Cette méthode qui n'a rien du soviet, et qui est cependant diamétralement contraire à celle des allemands, devrait être bonne, puisqu'elle a permis d'obtenir les merveilleux succès et les miracles de dévouement que nous connaissons. Nos officiers étaient adorés de leurs hommes qui avaient en eux une confiance absolue et d'ailleurs pleinement justifiée. Sans doute, la situation n'est pas identique ; on n'est plus en présence de l'ennemi, sous la menace de voir la liberté anéantie et le triomphe de la barbarie et il est évident que le patron n'a pas à communiquer tous ses projets. Cependant, il y a bien quelque analogie. Ceux qui ont fait la patrie si grande doivent vouloir la maintenir. Ils ont vu quelles étaient les meilleures méthodes d'action : ils ont été témoins et participants de cette unanimité de volonté pour le triomphe du bien contre le mal qui nous a valu la victoire.

Comment pourraient-ils ne pas se rendre compte que le devoir de refaire la France prospère et de lui conserver son rang dans le monde s'impose avec le même caractère impératif, encore actuellement, et que notre sentiment patriotique ne doit pas être moindre ; le but immédiat seul est modifié.

Ils savent bien que toute maison divisée contre elle-même doit périr ; qu'au contraire, l'unanimité des efforts peut seule conduire au succès. L'intérêt évident du travailleur agricole est que l'exploitation à laquelle il est attaché soit prospère ; alors, tout naturellement, il bénéficiera pour une large part de cette prospérité. Cette part, il a naturellement le droit de la discuter, de la vouloir suffisamment importante, mais ce qui est inadmissible, insensé, c'est qu'il puisse croire qu'elle a des chances de s'augmenter, s'il travaille à la ruine de son patron, alors que leurs intérêts, qu'ils le veuillent ou non, sont solidaires, et qu'en réalité, ils sont associés. Pour que le fermier puisse augmenter les appointements de son personnel, il faut d'abord qu'il gagne de l'argent.

D'ailleurs, il n'y a pas d'améliorations sociales possibles, s'il n'y a pas de prospérité.

* *

Ce sont l'agriculteur et le travailleur agricole qui doivent être les initiateurs du relèvement économique de la France. La première condition de ce relèvement consiste en une augmentation constante de la production. L'agriculteur n'a pas, comme l'industriel, besoin d'attendre des matières premières, ni autant de machines pour remplacer celles qui lui ont été volées par les Allemands ; il a à sa disposition une plus grande part des éléments nécessaires à son activité. Il en possède même un nouveau, car depuis le retour de notre chère Alsace, la potasse est venue s'ajouter aux phosphates et autres matières fertilisantes dont nous disposions déjà.

Grâce à cela, il lui a été possible, aussitôt la victoire assurée, de reprendre la charrue avec une énergie renouvelée. Il n'y a pas manqué ; dès maintenant, les résultats commencent à apparaître, le déficit est beaucoup moins considérable qu'il n'était, pour certains produits agricoles.

Il est agréable de constater que les premiers adoucissements à la situation pénible que nous traversons, nous sont venus de l'agriculture.

Un pareil exemple est infiniment précieux au point de vue moral et social ; ce n'est pas le seul que nous soyons en droit d'attendre des milieux agricoles.

Nous avons assisté, comme nous l'avons dit, après la promulgation de la loi de 1884, à une véritable éclosion de syndicats agricoles ; peu après, se sont formées avec une souplesse remarquable des unions de syndicats offrant la variété la plus grande, au point qu'il serait juste de dire que la diversité est peut-être leur caractéristique la plus frappante.

Or, ces syndicats et unions de syndicats ont compris que

leur action ne devait pas se borner à la défense professionnelle et à une œuvre de coopération en vue d'avantages uniquement matériels, mais qu'une autre tâche leur incombait
également ; stimuler le progrès moral et intellectuel des
populations rurales.

Plusieurs syndicats agricoles ont des bibliothèques circulantes pourvues de plusieurs milliers de volumes ; presque
tous ont un bulletin, contenant des articles instructifs et à
la portée de tous, en vue d'exercer un véritable enseignement. Certains ont un professeur d'agriculture spécial et
un laboratoire de chimie agricole ; l'un et l'autre sont à la
disposition des syndiqués pour leur fournir les conseils et
les renseignements dont ils ont besoin. Lorsque ces professeurs d'agriculture disposent, en même temps, d'un champ
d'expériences, on peut se rendre compte de l'importance des
services qu'ils sont appelés à rendre aux cultivateurs de la
région.

Mais nous voudrions surtout insister sur l'action sociale
de certains de ces syndicats et unions de syndicats, et nous
ne pouvons mieux faire que d'indiquer ce qui a été réalisé
par l'une d'elles : l'Union du Sud-Est.

Détail fort important, elle comprend, parmi ses adhérents,
93 pour cent de petits cultivateurs ou de travailleurs agricoles et nous apporte un magnifique exemple de ce qui peut
être réalisé par l'union de beaucoup de bonnes volontés,
même quand ceux qui en sont animés ne disposent que de
ressources modestes, mais comprennent les devoirs que
dicte l'esprit de solidarité.

Ayant créé une grande société coopérative pour l'achat et
la vente des produits, l'Union a intéressé son personnel sala-
rié en lui distribuant, sous forme de gratification, 10 % des
excédents, et elle a fondé, au profit des employés des syndicats affiliés, une caisse de retraites.

Elle s'est efforcée de développer l'enseignement professionnel par l'envoi d'un bulletin mensuel bientôt suivi de
la publication annuelle d'un almanach de 200 pages avec
gravures, tiré à 50.000 et cédé aux syndiqués moyennant

0,10. Elle organise plus de 100 conférences chaque année, destinées aux adultes. En vue de l'éducation agricole des enfants, elle adresse aux instituteurs de toutes les communes rurales des programmes d'enseignement agricole et, s'ils le désirent, envoie, en fin d'année scolaire, des examinateurs qui, à la suite d'examens pratiques, décernent aux élèves un certificat d'études agricoles primaires pour le 1er degré, et pour le 2e degré, un diplôme donnant droit de prendre part à un concours dont le prix est une 1/2 bourse dans une des écoles pratiques d'agriculture de la région, au choix des parents.

L'Union s'occupe spécialement du placement des diplômés. Il y a 20 ans, les candidats étaient déjà au nombre de 2.008, ce qui obligeait à constituer 145 jurys avec 423 examinateurs. En témoignage de l'intérêt porté par les instituteurs et les institutrices à cet enseignement, des médailles leur sont offertes.

Un enseignement semblable est organisé dans les écoles de filles, avec enseignement ménager et cours d'hygiène ; les résultats en sont excellents.

Un Comité de législation et de contentieux a été créé presqu'immédiatement après la formation de l'Union, il donne de nombreuses consultations absolument gratuites aux adhérents.

Avant la loi de 1898, l'Union avait élaboré un modèle de police relative à l'assurance contre les accidents agricoles. Celui-ci a été généralement adopté, et l'Union a contribué ainsi à développer dans les syndicats du Sud-Est un mouvement important, en faveur de cette mesure essentielle de prévoyance sociale, au point que presque tous les agriculteurs de la région doivent maintenant être assurés.

L'Union du Sud-Est, en plus de son enseignement, a multiplié les conseils en faveur de la création de Sociétés de secours mutuels et de Caisses de retraites, en insistant sur l'aide qui devait être apportée à ce mouvement, au point de vue des ressources, par la répartition généreuse des bonis des sociétés coopératives si aisément susceptibles de fournir les premiers fonds à ces institutions sociales.

Grâce à cela, plusieurs syndicats donnent à leurs adhérents des secours de maladie, d'autres viennent en aide aux orphelins, tout en s'efforçant de les diriger vers la profession agricole ; d'autres encore, tout en donnant des retraites, cherchent à procurer aux vieux ouvriers agricoles retraités, la possibilité de rester au village où ils ont vécu, au centre de leurs amitiés et de leurs relations.

Certains syndicats ont aussi constitué des conseils de conciliation et d'arbitrage, pour régler les différends entre patrons et travailleurs agricoles.

Nous avons tenu à mettre en lumière les efforts poursuivis par une des Unions de syndicats les plus préoccupées de l'institution d'œuvres sociales, dans un esprit particulièrement utile à faire connaître, puisque les intéressés eux-mêmes y ont une large part d'initiative et de direction.

C'était avant la guerre, et tous ces bons citoyens ont été des initiateurs. La situation s'est considérablement modifiée depuis ; la nécessité des œuvres sociales, la volonté d'en obtenir la création et de prendre une part très importante à leur direction s'est rapidement développée parmi les travailleurs. Nul doute que ceux des champs y attachent bientôt tout autant d'importance que ceux des villes.

Dans ces conditions, le devoir s'impose impérieusement aux agriculteurs de s'orienter plus énergiquement que par le passé vers des améliorations sociales maintenant inéluctables.

Le succès de ces excellents syndicats mixtes agricoles constitue non seulement une précieuse indication, mais une série de réalisations ; il faut s'empresser d'en profiter et d'imiter.

Une autre action sociale importante peut être exercée par les agriculteurs et par les travailleurs ruraux. En contact constant avec la terre, souvent en lutte avec les éléments, ils sont naturellement poussés à examiner toutes choses sous un angle pratique. Tout en restant attachés à l'idée de progrès (et l'action des syndicats depuis 35 ans montrent qu'ils en sont animés), il est naturel qu'ils exercent une action de pondération au point de vue national et luttent contre les utopies.

Plus les agriculteurs auront conscience de l'importance de leur influence dans le pays, plus le milieu dans lequel ils vivront sera imbu d'esprit de solidarité, plus ils seront entourés d'institutions sociales leur rendant l'existence plus douce et plus agréable, moins ils songeront à quitter les champs. Il ne saurait alors être question de nouvelle désertion des campagnes.

Quant au retour à la terre, ces mots peuvent être pris dans deux acceptions un peu différentes.

S'agit-il de remettre plus que jamais en honneur tout ce qui touche à l'agriculture, à la terre, d'en faire l'objet primordial des préoccupations nationales, nous sommes entièrement d'accord avec le grand patriote, le grand serviteur de l'agriculture, le fondateur si perspicace du Crédit agricole, celui qui a su lui donner une base vraiment solide en le créant, comme il l'a dit par en bas, celui qui a écrit : « La prospérité publique est semblable à un arbre, l'agriculture en est la racine, l'industrie et le commerce en sont les branches et les feuilles. Si la racine vient à souffrir, les feuilles tombent, les branches se détachent et l'arbre meurt ! ».

Oui, comme l'éminent M. Méline, nous pensons qu'à un moment donné, on a trop délaissé l'agriculture, mais que grâce à des hommes comme lui, comme M. Tisserand, comme Eugène Risler et leurs disciples, la troisième République a remonté ce courant néfaste, et ce sera certainement une de ses gloires. Il reste encore beaucoup à faire : il y aura toujours à faire pour maintenir l'esprit public en sympathie avec tout ce qui touche à la terre ; pousser les capitalistes français vers les placements en terre ; obtenir que les maîtres de nos écoles aiment eux-mêmes la terre de France et s'y intéressent pour mieux inculquer ces sentiments aux enfants qui leur sont confiés ; conquérir la sympathie de la presse et de nos littérateurs, pour que, dans leurs œuvres, ils laissent paraître leur amour de la nature et de cette industrie qui est la plus près d'elle, l'agriculture, qu'ils préconisent cette vie simple et saine, le travail au grand air, les jouissances intimes, vers lesquelles on se sent particulièrement orienté après la longue et ruineuse tourmente dont nous sortons.

Le retour à la terre ainsi compris peut très bien être entrevu, et nous devons y travailler chacun dans toute la mesure de nos moyens avec l'espoir et la volonté de réussir.

Mais il est un autre retour à la terre qui consiste à entreprendre de ramener à la campagne d'anciens travailleurs qui l'ont désertée pour la ville, ou des ouvriers urbains qui veulent essayer de la vie aux champs.

Rien ne nous paraît plus souhaitable, mais nous sommes cependant obligés d'avouer loyalement que, dans ce cas, nous restons quant au succès un peu sceptiques. Sauf dans quelques cas isolés, ou lorsqu'il s'agira de mutilés *auxquels on assure une propriété rurale dans des conditions exceptionnellement avantageuses*, nous ne pensons pas qu'on ait de grandes chances de réussir. L'œuvre est bonne, très honorable et digne d'encouragement, mais nous doutons de son succès.

Nous estimons que l'effort doit s'exercer, dans toute sa puissance, pour empêcher de nouvelles désertions, et nous sommes convaincus que si l'on emploie les moyens les plus judicieux et rationnels, on arrivera à enrayer, dans une large mesure, l'exode rural. Nous ne prétendons naturellement pas que plus un travailleur rural ne quittera les champs pour la ville, mais nous pensons que ce mouvement aussi néfaste pour ceux qui en souffrent que pour ceux qui croient en profiter, pourra ne pas se produire plus vite que n'apparaîtront les moyens d'y parer. Ces moyens, nous les énumérerons un peu plus loin.

*
* *

B). — Emancipation matérielle et morale des travailleurs agricoles, application des idées de solidarité. — Le village moderne : son aménagement, son hygiène.

En tous cas, il est un motif de l'exode rural qui a été quelquefois indiqué dans certains milieux et qui ne nous paraît point exact. On a dit que le travailleur agricole se sentait moins libre que le travailleur urbain.

ÉMANCIPATION MATÉRIELLE ET MO-
RALE DU TRAVAILLEUR AGRICOLE

Nous n'allons pas énumérer ici toutes les servitudes qui ont pu peser jadis sur le travailleur rural ; depuis la Révolution, il est incontestablement libre légalement. Suffit-il de l'être légalement ? Peut-être pas, et après les lois et règlements supprimés, il reste les usages et les mœurs qui ne se modifient qu'avec une certaine lenteur. Cependant ici, ces changements se sont produits, et l'on peut dire que l'émancipation matérielle du travailleur rural est aujourd'hui complète. Il n'est astreint à aucune autre obligation que celles qui pèsent sur tous les citoyens français, libre d'aller où il veut, de travailler où et comme il lui convient.

Son émancipation morale est-elle aussi complète ?

Ici, nous répondrons que la liberté morale dépend uniquement de chacun de nous. Personne n'a jamais été plus libre moralement que saint Pierre lorsque, dans la prison de Rome, il avait les fers aux pieds, ni que tant de nos soldats quand ils étaient retenus dans les geôles prussiennes et qu'on essayait vainement d'obtenir leur signature au bas de papiers mensongers.

Nous croyons que le temps est déjà éloigné où le propriétaire ou le fermier pouvaient obtenir que leurs employés votent pour tel ou tel candidat ; un essai de pression pourrait aujourd'hui dans beaucoup de cas, provoquer des résultats diamétralement contraires.

Par contre, il y a un mode d'influence qui s'est quelquefois exercé ; on a mis, à la distribution de secours, et particulièrement pour des familles nombreuses qui méritent cependant un respect et des hommages tout particuliers, des conditions de fréquentation de telle ou telle école, ou de manifestations religieuses. Comment des personnes évidemment bien intentionnées peuvent-elles attacher un prix quelconque, si elles sont elles-mêmes convaincues, à une manifestation de foi dont la foi est absente ? Comment, à la place de l'apostolat et de la persuasion, s'abaisserait-on à essayer d'employer des appâts matériels ?

En tous cas, avec la hausse considérable des salaires qui s'est produite, et lorsqu'on aura enfin voté les mesures d'ensemble nécessaires pour honorer les familles nombreuses tout en leur offrant un témoignage tangible de la reconnaissance nationale, le travailleur rural sera matériellement indépendant.

Plus il se sentira libre, et plus aussi il se rendra compte de sa responsabilité. Plus il verra que la véritable émancipation morale ne peut être conquise par nous qu'en nous dominant nous-mêmes, en n'étant plus esclaves de nos vices, de nos défauts ou de nos lâchetés.

APPLICATION DES IDÉES DE SOLIDARITÉ

Le sentiment de la responsabilité absolue s'accentuant dans les âmes, le penchant aux manifestations de solidarité se développera conjointement. Chacun se sentira porté à venir toujours plus en aide à son prochain, à mettre en commun, non plus seulement les risques matériels de l'existence, mais aussi les autres. C'est alors qu'on verra enfin se développer largement, dans nos campagnes, la mutualité et la coopération, non seulement pour des buts pratiques, mais en vue de buts moraux.

LE VILLAGE MODERNE : SON
AMÉNAGEMENT, SON HYGIÈNE

Avant de terminer cette étude, nous voudrions essayer
d'esquisser à grands traits les caractéristiques du village
moderne, tel qu'il nous apparaît dans l'avenir.

Quelles devraient être, tout d'abord, les conditions matérielles au point de vue de l'hygiène et du confort ? Comment le village pourrait-il être aménagé ? Quelle en serait
l'organisation au point de vue économique et social ? Sans
dépenses importantes ne pourrait-on pas, quelquefois, faire
quelque chose en vue de l'esthétique ?

Ensuite dans ce village, non pas idéal, car nous entendons ne rien préconiser que de pratique et de réalisable,
mais plutôt dans ce village qui peut être édifié dans nos
malheureuses régions dévastées où l'on travaille sur une
table rase, nous essaierons de situer le travailleur agricole
et nous demanderons si vraiment il risquera d'être bien
tenté de le délaisser encore pour les plaisirs frelatés de la
ville.

Comme on ne manquera pas de nous opposer, — et ce
sera avec raison, que toutes les conditions que nous allons
indiquer et que nous considérons comme souhaitables ne
seront certainement pas toutes réalisées dans chacun de nos
villages reconstruits, et ne pourront l'être, partiellement
qu'à longue échéance dans les villages existants, nous tenons
à dire de suite que nous ne l'ignorons pas. Nous ne pensons
pas cependant que ce soit une raison pour passer sous
silence une partie quelconque du programme dans lequel
chacun est libre de puiser suivant son pouvoir de réalisation.

Rien de véritablement bon et de véritablement grand ne
se fait qu'avec des vues larges et à longue échéance ; l'action
au jour le jour, sans vues d'avenir, n'a jamais été ni
vraiment bienfaisante, ni économiquement avantageuse.

Le plus grand nombre de nos villages sont restés à peu
près ce qu'ils étaient il y a deux ou trois siècles ; quelque-

fois une maison de la place principale construite dans le style architectural de la région a disparu pour être remplacée par l'horrible « Café du Commerce » d'architecture malheureusement trop connue et trop commune ; dans beaucoup de communes, depuis la loi Ferry, une école a été construite trop souvent sur un plan omnibus, quelques municipalités y ont accolé une nouvelle mairie, du même style, et c'est à peu près tout.

Quant aux conditions hygiéniques de la vie rurale, elles ne se sont malheureusement guère modifiées.

Nous devons d'ailleurs reconnaître que rien n'a été tenté pour faire pénétrer au village les principes même les plus élémentaires d'hygiène. Si l'on s'était livré, pour en faire comprendre l'importance, aux mêmes efforts que ceux qui ont été accomplis pour expliquer les avantages des syndicats agricoles et des assurances contre la mortalité du bétail, etc... la situation serait certainement différente.

Malheureusement, aux fautes contre l'hygiène se sont maintenant ajoutés les tares urbaines, l'alcoolisme, la tuberculose, la diminution de la natalité et forcément, en est résulté dans certaines régions, l'affaiblissement de la race, conséquence fatale.

La difficulté d'obtenir les secours médicaux, les moyens de lutte contre la maladie, inférieurs à ceux qui existent dans les agglomérations urbaines, une résistance à la douleur plus grande chez le paysan, une certaine incurie et l'ignorance des conséquences qu'elle engendre, l'insouciance des règles de l'hygiène, tout cela se traduit, dans nos campagnes, par une augmentation de la mortalité.

Un des buts essentiels que nous nous sommes assignés est de montrer que des réformes profondes s'imposent dans les conditions d'existence des travailleurs ruraux, et dans certaines de leurs méthodes de travail, et qu'un genre de vie plus sain et plus confortable doit se substituer à celui qui a été le leur jusqu'ici. Il en résultera un meilleur rendement de leurs efforts et les fruits de leur travail ne pourront qu'en être accrus.

Or si, dans cet ordre d'action, bien peu a été réalisé dans les milieux urbains, on a le droit de dire qu'à peu près rien n'a été fait pour les agglomérations rurales. Des lois excellentes, comme celle du 13 février 1902 sur la protection de la santé publique, sont restées absolument inopérantes et à peu près ignorées dans les centres agricoles. Qu'aurait-on pu obtenir si elles avaient été observées et si les municipalités de nos bourgs agricoles et de nos villages comprenant leurs devoirs au point de vue de l'hygiène, les avaient remplis malgré les résistances, et pour le plus grand bien de leurs administrés ?

Bien des routes auraient été élargies dans la traversée des agglomérations : elles auraient été bordées de trottoirs avec ruisseaux, et plantées d'arbres en bordure. On aurait ainsi diminué les dangers créés par les masses de poussière soulevées par les automobiles et par les fumées malsaines qu'elles laissent derrières elles. Des croisements de voies devenus très dangereux depuis qu'on pratique d'aussi grandes vitesses eussent été rectifiées. Mieux encore ; dans beaucoup de cas, il eût été plus économique et préférable de dériver la route en la faisant contourner l'agglomération, et en interdisant aux automobiles la voie principale intérieure.

Le sol des voies eût été bien dressé et imperméabilisé dans la mesure du possible. Non content de ne pas permettre de réduire par des constructions la place principale du village, on aurait cherché à en aménager une autre à la périphérie où se seraient tenus le marché et les foires. On se serait efforcé de multiplier autant que possible les espaces libres plantés ou bordés d'arbres, le centre étant réservé comme pelouses de jeux.

Il n'y a pas en Angleterre de petit village, si modeste soit-il, qui n'ait une ou plusieurs pelouses de jeux et c'est un des spectacles les plus réjouissants qu'offre ce grand pays que la vue de ces masses de charmants enfants y prenant leurs ébats.

Partout, l'écoulement des eaux de pluie devrait être

assuré afin d'éviter les flaques croupissantes, et le développement des moustiques transporteurs de tant de germes morbides.

Combien de morts par fièvre typhoïde on éviterait si l'on veillait dans nos villages à la qualité des eaux ! Qu'elles viennent de source, ou de nappes souterraines captées, de puits ou même de pluie recueillie dans les meilleures conditions possibles, une surveillance constante doit être exercée sur leur qualité. Il n'est pas besoin pour cela d'analyses compliquées ; les méthodes rapides et simples employées par nos alliés anglais et par nos médecins ou nos ingénieurs pendant la campagne, doivent être expliquées, diffusées et employées dans nos milieux ruraux qui en comprendront alors l'importance. Nous insistons sur l'utilité d'analyses assez rapprochées, car la pollution des cours d'eau se produit rapidement dès que quelques germes s'y sont introduits et les conséquences graves apparaissent bien vite.

L'évacuation des eaux et des matières usées doit être assurée dans des conditions hygiéniques. S'il n'y a pas d'organisation comme le tout à l'égout qui est d'un prix de revient trop élevé pour une petite commune ; s'il n'y a pas de fosses fixes et étanches qui, cependant ne reviennent pas bien cher, ou de fosses aseptiques qui fonctionnent pendant des années sans qu'on ait à y toucher, en ayant soin de diriger l'effluent vers un endroit où il ne puisse pas nuire, il faudrait qu'au moins les matières et les liquides soient amenés au fond de la fosse à fumier au lieu de s'étaler au-dessus.

Il y a un intérêt considérable, non seulement au point de vue de l'hygiène, mais pour la valeur fertilisante du fumier, à ce que les fosses à fumier soient couvertes et parfaitement étanches. Il va sans dire qu'elles ne doivent pas être près de la maison, et, à aucun prix, près de la citerne, du puits ou de la mare où vont boire les bestiaux et où quelquefois, hélas, on puise l'eau pour faire le cidre et même pour les besoins de la maison.

L'eau des puits ou des citernes doit être puisée par des pompes, de préférence à l'archaïque seau qui ne doit pas avoir beaucoup changé depuis l'époque du puits de Jacob. Quand on aura l'électricité qui mettra la pompe en mouvement, ce sera une grande facilité.

* *

Sous le rapport des bâtiments publics et surtout des écoles, quelques progrès ont été réalisés ; on exige maintenant des conditions de salubrité un peu plus sérieuses, mais encore insuffisantes, car à l'intérieur il se fait encore bien du mal. On balaie et on époussette à sec, et souvent d'une manière insuffisante, et surtout on continue à redouter le grand air, alors qu'on devrait, au contraire, y habituer les enfants.

Les Anglais poussent les choses beaucoup plus loin et s'habituent à vivre dans les courants d'air ; on ne s'aperçoit pas qu'ils s'en trouvent mal. Mais procédons par étapes et bornons-nous à exiger que tant que le temps le permet, les fenêtres soient, d'un côté, toutes grandes ouvertes et qu'une large aération soit opérée entre les heures de classe.

Nous avons parlé longuement de l'habitation paysanne où à peu près tout est à réformer, nous n'y reviendrons donc pas ici.

Des bains et des bains-douches devraient exister dans chaque commune, à la maison commune s'il y en avait une, ou près de la mairie ou de l'école ; nous souhaiterions qu'il y ait aussi une baignoire portative qui puisse être prêtée à tour de rôle à ceux qui ne peuvent pas marcher et qui ont cependant besoin de se baigner aussi.

Le grand air et le bain ! Quel progrès on aura réalisé lorsqu'on en aura donné le goût, le besoin à tous les Français !

Contrairement à ce qui existe trop souvent, les écuries et étables doivent être largement éclairées et aérées, et offrir un cube d'air suffisant. Les mares doivent être curées et comporter, dans une partie séparée, des pédiluves avec entrée et sortie.

Voilà les principales conditions à remplir, nous semble-t-il, au point de vue de l'hygiène publique dans le village.

Avons-nous indiqué des modifications utopiques ou coûteuses, impossibles à accomplir ?

Nous sommes convaincus, au contraire, que tout ce que nous venons d'énumérer peut être réalisé sans grands frais, nous ne disons pas en un jour, mais dans un délai assez restreint.

Que de progrès et quelle économie de vies humaines résulteraient de ces simples modifications à l'état hygiénique, ou plutôt anti-hygiénique du village !

Après l'hygiène publique, passons à l'hygiène privée.

Nous l'avons dit plus haut ; sous ce rapport la **réforme** nécessaire est malheureusement radicale. Les taudis **ruraux** doivent disparaître et être remplacés par des maisons parfaitement salubres, confortables et dignes, toujours entourées de jardins.

Même dans ces petits immeubles, une cave est toujours préférable, mais l'habitude du cellier qui ne coûte pas sensiblement moins cher est tellement invétérée à la campagne qu'on continuera sans doute à en faire encore. Dans ce cas, il est indispensable que la maison soit surélevée d'au moins deux marches et que, sous le pavage du rez-de-chaussée, il y ait une couche d'au moins 0,30 d'épaisseur d'une matière isolante comme du machefer. Le sol en terre battue doit être absolument proscrit.

Au rez-de-chaussée, petit vestibule, cuisine assez **grande**, puisqu'à la campagne on y prend en général les repas, et une salle commune.

A l'étage, au minimum, 3 chambres ; il n'y a pas d'habitation morale sans une chambre pour les parents, une pour les filles et une pour les garçons. Si c'est nécessaire, la salle commune, lorsque la famille est trop nombreuse, peut être utilisée, la nuit avec des lits pliants.

Un petit grenier au-dessus si possible, mais ce n'est pas absolument indispensable.

Les water-closets avec entrée par le vestibule ou au moins

par le porche s'il y en a un, le couvercle de la fosse étant
placé à l'extérieur de la maison.

Nous avons indiqué plus haut les dispositions à prendre
au point de vue de l'eau potable, et de l'enlèvement des
eaux usées et des fumiers.

Nous ne pouvons détailler ici toutes les conditions de salubrité que doit remplir la maison intérieurement ; elles sont
établies dans chaque commune par le règlement d'hygiène
que toutes les municipalités doivent obligatoirement édicter
et faire observer.

Il est à souhaiter que le plus grand nombre de ces habitations soient des maisons à bon marché bâties avec le concours de la loi Ribot et dont les travailleurs sont propriétaires, et que beaucoup d'entre elles soient entourées de la
petite exploitation rurale dont cette même loi et aussi celles
qui régissent le crédit agricole facilitent la création.

Les maisons qui seront construites par les Sociétés d'habitations à bon marché ou par les propriétaires, dans les
mêmes conditions, seront forcément justiciables des mêmes
règlements de salubrité.

Il nous paraît désirable qu'il en soit de même pour les constructions édifiées ou améliorées grâce aux prêts accordés par
les Caisses de crédit agricole, suivant la loi du 19 mars 1910.

Il est inadmissible que, lorsque l'Etat intervient et
apporte une aide importante, il n'exige pas un effort vers
l'hygiène et le mieux être, d'autant plus que si, en matière
d'hygiène « tout paie » on peut dire aussi que tout se paie,
l'insalubrité chez le voisin constituant une grave menace
pour tous. Une faute contre l'hygiène est une faute contre
tous les concitoyens ; nous ne savons pas comment elle se
répercutera, mais ce qui est certain, c'est que cette répercussion se produira et qu'elle sera nuisible.

*
* *

L'hygiène comprend aussi naturellement la question des
soins à donner aux malades ; elle est fort importante au

point de vue de la désertion des campagnes. Nous l'avons indiqué précédemment ; la différence est trop grande entre les facilités qu'offre la ville sous ce rapport et l'absence de ces mêmes avantages à la campagne.

Le remède nous paraît peut-être dans la création de dispensaires communaux et intercommunaux ; nous indiquerons plus loin dans quelles conditions peu coûteuses ils pourraient être organisés ; cela rentre dans l'hygiène sociale et nous y reviendrons plus longuement dans le chapitre traitant des conditions sociales dont on peut désirer l'institution dans nos agglomérations rurales.

*
**

C. — Développement de la mutualité et de la coopération, de l'enseignement et de l'enseignement agricole.

L'instruction au village nécessitera aussi une sérieuse réforme.

Trop souvent, pendant la guerre, nous avons vu un éleveur de chevaux placé dans une section d'aviation et de jeunes soldats ayant travaillé chez des constructeurs d'avions envoyés dans la cavalerie ; n'agit-on pas de même pour les instituteurs ?

Ne considère-t-on pas les postes d'instituteurs de villages comme devant être donnés aux débutants, quels que soient leur origine et leur goûts, tandis qu'il serait préférable de les confier à ceux qui sont originaires de la campagne ou au moins à ceux qui l'aiment. Comment inculper à autrui un goût qu'on n'a pas soi-même ?

Les leçons sur l'agriculture ne sont pas toujours faites dans les écoles normales d'instituteurs aussi bien qu'il serait nécessaire. Ce sont les meilleurs professeurs d'agriculture qui devraient être chargés de ces cours et il faudrait qu'un coefficient très important soit appliqué à cette matière aux examens de fin d'année.

Les instituteurs qui le demanderaient et seraient bien

notés devraient être nommés à la campagne et non pas avec des appointements inférieurs à ceux des postes urbains, mais plutôt supérieurs, car, en ville, un instituteur peut donner facilement des leçons particulières, ce qui se présente rarement dans les postes ruraux.

Alors on aurait des maîtres capables d'entretenir la mentalité rurale qui existe naturellement chez leurs petits élèves et qu'on arrive si souvent à leur faire perdre.

Il ne s'agit évidemment pas de transformer l'école primaire en école d'agriculture et d'y donner l'enseignement agricole technique, ce qui risquerait de provoquer un résultat contraire à celui que nous poursuivons. Ce qu'il faut, c'est préparer l'intelligence et la curiosité de l'enfant à sa future profession, en s'efforçant de l'intéresser aux choses de la terre et de l'y faire prendre goût en l'aidant à acquérir les connaissances très générales qui lui permettront d'entrevoir les bases de la science et de la pratique agricole qu'il devra comprendre plus tard, en lui donnant le désir de les connaître. L'enseignement agricole primaire sera alors toute autre chose qu'une nomenclature aride de notions scientifiques difficiles à comprendre et de formules sèches ; ce sera la véritable leçon de choses vivante, surtout si le maître illustre ses explications par de petites expériences, qui ont tant d'attrait pour les enfants et qui, en les amusant, excitent leur curiosité.

La botanique, la zoologie, la chimie et la minéralogie, telles qu'elles sont enseignées en 9e et en 8e dans nos lycées (avec expériences à l'appui) d'une manière tout à fait élémentaire, s'appliquant à ce que les enfants ont constamment sous les yeux et leur en faisant comprendre les causes, constitueraient pour eux de véritables récréations. Tous les phénomènes et accidents de la nature, les orages, les éclipses, les saisons fournissent le prétexte tout trouvé d'agréables et intéressantes causeries qui peuvent presque constituer une récompense après l'étude plus aride de la grammaire.

A côté de cela, l'éminent M. Méline, dans son livre magis-

tral, recommande ce qu'il appelle l'enseignement indirect ;
lectures et dictées puisées dans les ouvrages d'auteurs, ou
illustres ou modestes (on n'a que l'embarras du choix)
qui peignent la terre et ceux qui la cultivent sous leur aspect
le plus élevé en même temps que le plus vrai et le plus
intéressant. Les problèmes peuvent rouler sur la comptabilité agricole.

.
. .

Nous nous permettons d'insister, comme nous l'avons
fait plus haut, sur la spécialisation provoquée de bonne
heure à l'école primaire, et sur les visites et exercices
surveillés par l'instituteur le jeudi, à la ferme ou à l'atelier
voisins. Ils constitueront un plaisir pour l'enfant et il
entreprendra avec joie au sortir de l'école ce qui, autrement,
risque de lui apparaître seulement comme un devoir.

Ce programme est bien modeste, mais il ne peut être
utilement professé et suivi que par un instituteur ayant
au cœur l'amour de l'agriculture, un maître possédé par la
foi.

Mais la question ne sera pas encore résolue si l'homme
seul est attaché à sa carrière ; il faut aussi conquérir la
femme. Rien ne sera fait tant qu'on ne l'aura pas convertie
à l'idée nouvelle.

Quoi de plus facile que de diriger l'enseignement ménager à l'école primaire vers tout ce qui touche à la condition
agricole ? On a créé dans notre pays des cours volants, des
séries de conférences portant sur la laiterie, sur la basse-
cour, sur l'alimentation, uniquement destinées aux femmes,
qui ont été suivies et qui devraient être multipliées. Les
cercles de fermières existent surtout en Angleterre et en
Belgique, pourquoi ne pas les développer chez nous ?

Ici, peut-être plus encore que pour les jeunes gens, il y a lieu
de nous demander si, dans les écoles normales, nos jeunes
institutrices reçoivent elles-mêmes l'enseignement qu'elles
seront appelées à donner aux enfants ? Comment leur sont
faits ces cours d'enseignement ménager qui devraient être

considérés comme l'une des parties les plus importantes de leur programme ?

Où sont nos écoles normales d'enseignement ménager ? Comment obtenir des cours bien faits dans les écoles primaires, s'il n'y a pas d'inspectrices sortant des écoles normales spéciales et qui vont, à l'improviste, s'assurer de la valeur des cours professés sur cette partie du programme. Des professeurs supplémentaires et itinérants venant faire, de temps en temps, une leçon sur un point de l'enseignement ménager, dans chaque école à tour de rôle, feraient encore mieux comprendre aux élèves et à l'institutrice l'importance qu'on lui accorde.

Nous connaissons en tout et pour tout une Ecole normale d'Enseignement ménager, fondée à Nancy par la Société industrielle de l'Est et qui forme d'excellents professeurs. Et cependant le bien-être des familles de travailleurs pourrait être doublé, si cet enseignement était consciencieusement donné dans nos écoles primaires de filles. Les enfants sauraient au moins coudre et raccommoder à leur sortie de l'Ecole, ce que 9 sur 10 ignorent, il faut bien le reconnaître.

C'est ainsi qu'on voit, à la campagne, une femme de travailleur prendre une couturière à la journée pour faire, à ses enfants, la moindre petite chemise ou le tablier le plus simple.

Les filles sauraient alors raccommoder les vêtements du papa et préparer des bons plats peu coûteux.

L'enseignement agricole est-il mieux donné dans nos écoles normales d'institutrices, et ensuite dans les écoles primaires de filles que dans celles de garçons ? Nous ne le croyons pas, et nous pensons que des mesures identiques à celles que nous avons indiquées plus haut pour les futurs instituteurs devraient être prises pour les institutrices.

Nous n'en aurons fini avec la question de l'instruction qu'après avoir dit un mot de l'enseignement post-scolaire que donnent, avec tant de dévouement, nos instituteurs ; il pourrait, lui aussi, contribuer grandement à entretenir la flamme agricole. Pourquoi l'instituteur s'adressant à ces grands jeunes gens ne prendrait-il pas quelquefois pour thème les événements de la vie agricole qui viennent de se passer au village, et n'y trouverait-il pas l'occasion de quelques bons conseils à leur donner, tout en faisant dériver la conversation vers quelques données scientifiques, simples et claires présentées d'une façon sommaire et pratique ?

Pourquoi aussi ces conférences post-scolaires ne seraient elles pas mixtes ; les hommes et les femmes y assistant ensemble et l'institutrice y parlant comme l'instituteur ? Les soins du ménage ne retiennent pas toutes les femmes d'une manière également impérative après le repas du soir, et nous ne voyons pas pourquoi elles aussi ne trouveraient pas plus d'intérêt à leurs travaux après ces causeries où ils leur seraient présentés sous leur aspect utile et intelligent ?

Voilà ce que nous considérons au point de vue de l'enseignement comme réalisations immédiatement possibles dans le village moderne. La mise en pratique de ce pro gramme serait un acheminement vers le développement des œuvres sociales qui doivent à tout prix, dans l'intérêt absolu de l'agriculture, y être introduites.

MUTUALITÉ, COOPÉRATION, SOLIDARITÉ

A peu près tout est à faire au village, nous le répétons au point de vue des œuvres sociales.

La question qui, à notre avis, nous l'avons dit, prime toutes les autres, est celle du logement.

Immédiatement après, nous plaçons celle des soins médicaux.

Le développement de l'automobilisme a sensiblement rapproché le médecin du malade de la campagne, mais, combien la lutte contre la maladie y est encore insuffisamment organisée !

Le dispensaire nous paraît être le meilleur remède à cette situation pénible. N'est-il pas le véritable clearing-house de la maladie ? Le refuge naturel de toutes les souffrances physiques ?

Ne supprime-t-il pas toute hésitation chez le malade craintif qui veut un conseil, mais n'ose pas aller de suite trouver le médecin et est toujours enclin à consulter d'abord le sorcier, puis le pharmacien en n'arrivant chez le docteur que lorsque son état s'est aggravé !

Le dispensaire, c'est le médecin qui vient vers le malade, qui se rapproche de lui et lui évite les tergiversations.

Tous les malades peuvent s'y présenter, certains d'être traités avec compassion et bonté. Ils y seront examinés, puis dirigés suivant leurs maux, vers les moyens de guérison appropriés. Le docteur indique à chacun les remèdes nécessaires à sa guérison ou s'il s'agit d'une maladie grave, un prétuberculeux, par exemple, il le dirige vers l'œuvre dont l'intervention est indiquée, et au besoin s'entremet ou charge quelqu'un de s'entremettre entre son malade et l'œuvre.

Nous entendons immédiatement l'objection : comment nos petites communes pourront-elles pourvoir à la construction d'un dispensaire et aux frais de son fonctionnement ?

Il y a dispensaire et dispensaire ; il est évident que l'organisation de celui ou de ceux de Lille ou de Lyon qui donnent de merveilleux résultats ne ressemblera en rien à celle d'une commune de 500 habitants, est-ce une raison pour ne rien faire dans celle-là ?

Dans ces petites communes, on aura déjà réalisé un important progrès en obtenant que le cabinet du maire, ou une autre salle puisse servir chaque semaine, pendant une ou deux heures, de cabinet de consultation au médecin qui s'y rendrait régulièrement. Une armoire de cette pièce pourrait contenir les ustensiles les plus nécessaires et les médicaments les plus usuels.

Il va sans dire que ces consultations ne pourraient s'appliquer aux malades alités ni aux contagieux, mais rien n'empêcherait que le secrétaire de la mairie ou l'instituteur, tiennent une liste sur laquelle viendraient se faire inscrire les malades de cette catégorie. Cette liste serait remise au docteur qui, après la consultation donnée dans ce modeste dispensaire, passerait au domicile de ceux qui auraient réclamé sa visite.

Nous croyons que la certitude du passage du médecin à jour fixe serait très appréciée de nos travailleurs, et que le docteur y trouverait aussi avantage.

L'efficacité de l'action du dispensaire sera considérablement accrue, si l'intervention du médecin peut être complétée grâce au concours dévoué de moniteurs ou monitrices d'hygiène ou d'infirmières visiteuses.

Dans presque tous nos villages, on trouvera, si l'on se donne la peine de les chercher, des femmes dévouées qui seront heureuses de se rendre au foyer des malades, d'y faire les enquêtes dont les aura chargées le médecin, sur les conditions de logement de la famille, les antécédents médicaux des parents, l'état de santé des enfants, etc... Elles expliqueront au malade l'ordonnance du docteur, lui montreront comment les médicaments doivent être préparés et absorbés, les précautions à prendre ; en un mot, elles prolongeront au foyer du malade l'action du docteur en expliquant ses prescriptions et en aidant à les exécuter.

Leur influence morale, la sympathie qu'elles montreront à la famille éprouvée doubleront les heureux effets de leur intervention. Quel réconfort pour les malades de se sentir ainsi entourés et soutenus !

*
* *

Mais si c'est un devoir impérieux d'assurer aux malades les soins les plus éclairés et les plus dévoués, il est de beaucoup préférable de tâcher d'éviter la maladie et l'un des meilleurs préventifs est certainement l'exercice en plein air. Nous considérons donc comme l'un des points essentiels de l'aménagement du village moderne, la création de pelouses et de terrains de jeux.

Ce n'est pas moins indispensable au village qu'à la ville

et ce serait une grande erreur de croire que les enfants jouissent sous ce rapport, à la campagne, de tous les avantages désirables. La terre apparaît au paysan comme étant de trop grand prix pour qu'il se résigne aisément à en soustraire à la culture quelques parcelles ; aussi est-il rare, lorsqu'on traverse un village, de voir les enfants jouer ailleurs que sur la route, ou dans quelque coin sombre et humide, entre deux maisons.

Inutile de répéter ce qui a été dit et écrit tant de fois sur les avantages non seulement physiques, mais moraux, qui dérivent des jeux de plein air.

Il faut absolument que nos travailleurs et leurs enfants puissent s'y livrer comme en Angleterre et aux États-Unis. Ce n'est pas sans un sentiment de jalousie que nous avons vu, pour notre part, au cours de ces cinq années de guerre, circuler dans nos rues, ces hommes superbes, de taille élancée paraissant forts et robustes, et en même temps si sveltes et si souples. Pourquoi ces qualités physiques précieuses seraient-elles un privilège de la race anglo-saxonne ? Nous savons comment elle les a conquis et conservés ; les mêmes procédés sont à notre disposition et qu'on ne nous dise pas que ces qualités s'acquièrent au dépens du développement intellectuel. Si l'un des deux peuples paraît surpasser l'autre très légèrement au point de vue physique, ce nous semble être les Américains ; or, ce ne sont certes pas eux qui ont l'intelligence la moins déliée.

Un autre argument nous sera bien certainement opposé : Comment pouvez-vous supposer que des agriculteurs qui ont travaillé toute la semaine de leurs bras et de leurs jambes vont s'amuser le dimanche à faire du sport ?

A cela nous répondrons en demandant pourquoi, si cette objection est juste, nos poilus, en descendant de tranchée, ou après les exercices d'entraînement intensif qu'on leur faisait faire à l'arrière, s'empressaient au foot-ball chaque fois qu'un capitaine avait trouvé moyen de procurer à sa compagnie, à sa batterie ou à son escadron, un champ où il leur était possible de prendre leurs ébats.

Combien de photographies nous avons vues représentant ces groupes se livrant au jeu avec passion ! Et bien souvent nous avons remarqué l'impression d'esthétique en même temps que de force que donnaient ces ensembles. Et puis, il n'y a pas que les hommes et les jeunes gens ; il y a les enfants qui ont absolument besoin de ces pelouses de jeux, non pas le dimanche ou exceptionnellement, mais tous les jours où le temps le permet ; le bain d'air et de soleil régénérateur devrait être pour eux quotidien.

Dans une ville bien aménagée, personne ne devrait être obligé de parcourir plus de 500 mètres pour trouver un modeste square, un terrain de jeux ou un parc. Les ressources des agglomérations rurales leur permettraient difficilement de réaliser de semblables conditions qui, d'ailleurs, ne sont pas nécessaires à la campagne. Qu'on plante quelques arbres autour du terrain de jeux, qu'on y place quelques bancs, et les parents âgés ou les infirmes pourront y venir respirer le bon air tout en regardant jouer leurs petits enfants.

S'il y a, dans la localité une pièce d'eau ou une petite rivière permettant la natation, le canotage, ou en hiver, le patinage, cela constituera un précieux avantage supplémentaire.

* *

Il est évident que chaque petite commune ne sera pas en état à elle seule d'instituer toutes les œuvres sociales nécessaires, mais c'est bien là le cas de faire intervenir les syndicats de commune autorisés par la loi, l'une possédant telle œuvre, tandis que les autres jouissent de celles qui lui manquent ; chacune faisant profiter ses voisines de ce qu'elle a. On arriverait ainsi à réunir dans un rayon pas trop étendu, l'ensemble des œuvres sociales indispensables. Le chef-lieu de canton et telle autre commune, par suite d'un don ou autrement, peuvent avoir un hôpital, tandis qu'une voisine aura peut-être un dispensaire assez important comprenant une petite clinique ; toutes deux mettront ces précieuses organisations d'entr'aide à la disposition des villages faisant partie de leur syndicat et ne possédant que le.dispensaire du type le plus modeste que nous avons décrit.

Les sociétés philanthropiques ont besoin d'un siège ; la mairie n'est-elle pas tout naturellement indiquée pour le leur offrir, en les accueillant à bras ouverts, et mettant à leur disposition une salle pour les réunions de leurs conseils ?

N'auraient-elles qu'une modeste société de secours mutuels et un dispensaire tout à fait réduit, il est impossible qu'il reste maintenant en France des communes rurales dépourvues de toute œuvre sociale.

*
* *

Le point de vue économique, si négligé jusqu'ici dans nos agglomérations rurales, s'imposera également maintenant, tout comme l'hygiène et les institutions sociales. Nous avons parlé plus haut des transformations bienfaisantes qu'on peut attendre de l'électricité au village. L'envoi de celle-ci nécessitera, dans chaque centre un peu important, l'existence de transformateurs, en relation avec la station centrale.

Un plan général a été dressé pour toutes les régions envahies ; l'emplacement des stations centrales a été déterminé avec soin et généralement placé tout près des mines de charbon, sur le carreau même quelquefois, afin d'utiliser sur place les catégories de houille les plus basses, les poussières dont le transport est onéreux et peu aisé. Leur prix étant très réduit, on pourra produire l'électricité à un prix modique. De là, elle sera envoyée jusque dans les plus petites localités.

Ce qui va être fait pour nos régions reconstituées devra ensuite être étendu à toute la France ; on a déjà commencé à jeter les bases du plan général, et comme, dans les régions restant à pourvoir, on ne disposera pas partout de mines de charbon, on s'efforcera de puiser la force des stations centrales aux chutes, et aux cours d'eau.

D'autres organisations économiques s'imposeront au village ; la culture par les moyens mécaniques va se développer d'une manière intense. Les coopératives de culture vont se multiplier, et les heureux résultats qu'elles ont donnés seront encore élargis.

Enfin, la création de plus en plus généralisée de coopératives de production, de transformation et de vente des produits agricoles est à prévoir : distilleries, fromageries, industries vinicoles, sucreries etc...

Il est à souhaiter également que les industries rurales féminines se développent : fabrication de la dentelle, broderie, confections, bonneterie, tout ce qui, en un mot, en ne détournant pas la femme de ses devoirs primordiaux, l'éducation des enfants et l'administration de la maison, est cependant susceptible de lui fournir un salaire d'appoint.

Pour faciliter le développement de la vie économique de nos villages, il est désirable qu'une attention toute particulière soit constamment portée à toutes les possibilités de développer ou de rendre plus rapides les moyens de communication. La France possède le plus beau réseau routier qui existe ; peut-on en dire autant de son réseau ferré et de son réseau de canaux ?

Nous croyons que, sous ce rapport, il reste encore beaucoup à faire, et que, pour ce qui a été réalisé, on a trop souvent traité comme quantité négligeable des villages susceptibles de prendre un certain développement, si l'on avait consenti à s'approcher d'eux.

Mais les progrès hygiéniques, sociaux et économiques ne suffiront pas encore complètement à retenir les travailleurs ruraux, il faut aussi s'efforcer de rendre le village attrayant et gai.

*
* *

D). — Les distractions au village : la musique, la gymnastique, les jeux et les sports, théâtre populaire, cinématographe, bibliothèques, le village de demain. Moyens d'exécution.

Pourquoi, après avoir utilisé les ressources qu'offre la campagne pour quantité de distractions et d'agréments, ce qui n'a pas été fait jusqu'ici, n'y introduirait-on pas quelques uns des plaisirs de la ville ? Comme la plupart seraient pris en famille, il faudrait bannir de ceux-ci tout ce qui risquerait d'être peu respectueux pour les femmes et pour les enfants et tout prendrait immédiatement un caractère un peu plus relevé dont chacun profiterait. En outre, ces réunions en famille augmenteraient les sentiments de sociabilité, et, de là à une plus complète compréhension des devoirs de solidarité jusqu'ici insuffisamment pratiqués à la campagne comme ils devraient l'être, il n'y a qu'un pas.

Nous voulons tous supprimer le cabaret. Qu'avons-nous proposé pour le remplacer ? Rien. Or, on ne supprime que ce qu'on peut remplacer. Comment aiderons-nous les travailleurs à le délaisser ? Toute la question est là.

La création de maisons communes dans les villages reconstitués et peu à peu dans d'autres, facilitera beaucoup la solution ; mais dans les très modestes agglomérations cela ne sera pas toujours possible.

Pourquoi alors n'utiliserait-on pas la mairie ?

Le rôle qu'elle devrait remplir ne peut pas être mieux défini que par le nom que lui donnent les Américains : La maison pour tous.

Si elle ne l'est pas réellement chez nous, il faut qu'elle le devienne.

Dans combien de nos petits villages, ces mairies sont mornes et tristes avec leurs volets presque constamment clos !

Ramenons-y la vie, et, telles qu'elles sont, elles permettront déjà l'organisation de nombre de petites fêtes qui constitueront des distractions saines, peu coûteuses et fort appréciées au village.

La salle principale où ont lieu les séances du Conseil municipal et les mariages, ne pourrait-elle pas être utilisée pour ces réunions ?

Souvent elle peut être mise en communication avec les salles d'écoles construites à droite et à gauche et ne voilà-t-il pas immédiatement une fort belle salle de conférences, de concerts ou de spectacles ? Il resterait à faire les frais d'une petite estrade démontable qui, avant la guerre, aurait coûté 25 ou 30 fr. n'est-ce pas à la portée de toutes les communes ?

Serait-il si difficile, après cela, d'organiser partout, le samedi soir et le dimanche, des conférences, des concerts, des lectures, de petites représentations dont les habitants de la commune feraient presque tous les frais, chacun mettant à la disposition de tous, les talents qu'il possède, comme nos poilus l'ont fait derrière le front ? Il va sans dire que le cinéma moralisateur, ou au moins intelligemment intéressant ou instructif aurait sa place toute naturelle dans les programmes.

Il faut avoir assisté à des réunions à la campagne où chacun y va, suivant le terme employé, de sa petite chanson ou de sa petite histoire, quelquefois de sa poésie ; il faut avoir été témoin de l'attention avec laquelle on les écoute et du plaisir qu'on lit sur toutes les figures, pour se rendre compte de la différence qu'il y aurait entre ces soirées familiales joyeuses pour tous et les heures de nuit passées au cabaret.

Combien les habitudes de sociabilité d'abord, et peu à peu les sentiments de solidarité y gagneraient !

C'est ainsi que, dans les petites villes anglaises, aussi bien que dans les grandes, des concerts populaires gratuits sont offerts par les cercles musicaux locaux ou voisins, composés de personnes souvent fortunées qui trouvent tout naturel de venir faire de la musique instrumentale ou chorale devant les travailleurs et embellir leurs heures de repos. Mais ne soyons pas si exigeants ; il n'y a pas de commune, si petite soit-elle, où il n'existe des talents divers, depuis quelques bons chanteurs ou instrumentistes, jusqu'au loustic qui obtient toujours un grand succès.

Il faut avouer, à notre confusion, que, jusqu'ici, dans les

milieux populaires, nous n'avons tiré aucun parti de la musique qui constitue une source si précieuse d'élévation morale et d'éducation. C'est toute une catégorie de réjouissances élevées et de joies profondes que nous n'avons pas mises à la disposition de nos concitoyens. Notre répertoire de jolis chants populaires est presque totalement ignoré, et les chansons qu'on entend dans la rue sont à peu près toujours des refrains de beuglants généralement immondes quand ils ne sont pas bêtes à pleurer.

En Belgique, en Suisse, en Norvège, en Danemark, on tire un tout autre parti de la musique pour l'éducation et les distractions populaires. Elle tient une place sérieuse dans les programmes des écoles primaires, et elle y est enseignée d'une manière vraiment intéressante et attrayante, contrairement à ce qui se fait chez nous, où, lorsque la leçon n'est pas purement et simplement supprimée, elle est considérée par les élèves comme l'une des plus ennuyeuses.

En Suisse, on entend couramment des enfants de 6 à 8 ans, chanter des chœurs à quatre parties, sans aucun accompagnement et avec une justesse et un sentiment remarquables. Le Français n'est, à aucun degré, moins bien doué que le Suisse pour la musique, nous obtiendrons donc les mêmes résultats quand nous serons décidés à le vouloir.

LA GYMNASTIQUE

On peut, d'ailleurs, dans nos écoles, rapprocher l'enseignement de la gymnastique de celui de la musique ; on dirait, à la façon dont il est pratiqué, qu'on a eu pour but d'en dégoûter nos enfants.

La plupart du temps les préaux sont insuffisants même pour les récréations, à plus forte raison pour les leçons de gymnastique. Le maître a l'air profondément ennuyé ; comment les élèves ne le seraient-ils pas ? Tout cela est monotone au possible.

Et cependant, n'est-ce pas chez nous qu'a été inventée la remarquable méthode du lieutenant de vaisseau Hébert qui, partout où elle est pratiquée, passionne les élèves, enfants, adultes ou hommes faits ! Les exercices se font avec tout le haut du corps découvert. On est à mi-chemin du système de l'école au soleil, et des jeux au soleil pour lesquels l'enfant ne porte qu'un tout petit caleçon ; il est maintenant largement pratiqué en Suisse et y donne des résultats excellents.

LES JEUX ET LES SPORTS

Nous insistons sur ce point, parce que nous estimons que c'est surtout par les leçons de gymnastique, qu'on devrait commencer à inculquer aux enfants le goût des sports.

Pour cela il ne faudrait pas les tenir soigneusement alignés et inertes pendant les 9/10 du temps, mais au contraire les laisser libres et animés jusqu'à l'excitation.

Alors se constitueraient, dans nos villages, des équipes de foot-ball et de cricket qui accepteraient les défis de leurs camarades des villages voisins et l'on attendrait avec impatience le dimanche suivant pour une revanche ou une nouvelle victoire.

Nous connaissons des bourgs qui, il y a 10 ans paraissaient endormis et qui, maintenant, ont un et même quelques fois deux sporting-clubs.

Les cafés qui, le dimanche regorgeaient de monde, sont maintenant vides, parce que, non seulement tous les jeunes gens sont au terrain de jeux, mais la jeunesse féminine et les parents vont regarder jouer. Le petit journal hebdomadaire d'un quart de feuille, en emploie une bonne partie pour rendre compte dans les plus grands détails en termes de dithyrambiques de ces réunions.

Des matchs de tennis, des courses à bicyclettes et pédestres auxquels prennent part des jeunes filles ont lieu également.

A côté de la pelouse de jeux, il devrait y avoir des bouloirs, car le jeu de boules et le jeu de palet sont très appréciés à la campagne. Nous voudrions aussi quelques emplacements pour le modeste croquet et un espace contenant des tas de sable, exclusivement réservé aux tous petits.

Dans toutes ces réunions, jeunes gens et jeunes filles sont en contact, apprennent à se connaître mieux que dans le monde, et, contrairement à ce que croient encore beaucoup de nos concitoyens, la moralité y gagne, et la nuptialité et la solidité des ménages également.

Mais nous nous sommes un peu éloignés de la mairie avant d'avoir terminé ce que nous voulions dire à son sujet.

THÉATRE POPULAIRE

Lorsque le temps le permettrait, les réunions du samedi et du dimanche pourraient avoir lieu dehors, sur la place de la mairie, ou dans le jardin situé derrière, dont une partie devrait toujours être divisée en jardinets, de manière à ce que chaque élève ait le sien, avec prix décernés aux mieux entretenus. Cela permettrait d'élargir et de modifier un peu le cadre des fêtes sans rien changer à leur caractère familial et en restant éloigné de tout cabotinage.

S'il était possible de créer, dans la commune, un théâtre de verdure, ce serait encore mieux et des artistes du dehors consentiraient peut-être à y venir jouer quelquefois.

CINÉMATOGRAPHE

Un certain nombre de soirées seraient consacrées au cinéma, intéressant et instructif, ce qui ne veut pas dire ennuyeux. Il va sans dire que les films immoraux ou idiots qui remplissent actuellement plus de la moitié des programmes, seraient absolument proscrits.

Quand les artistss seraient empêchés, et même sans cela,

de temps en temps, pourquoi ne danserait-on pas, tantôt dans la salle, tantôt dehors ?

Nous avons vu souvent de ces danses campagnardes, et ce n'est pas là que nous avons rencontré de beaux jeunes gens, l'air mortellement ennuyé, debout dans des coins et de pauvres jeunes filles se morfondant sur leurs chaises ; ici au contraire, tous les visages respiraient une joie exubérante : les fusées de rires s'élevaient de toutes parts ; pas de toilettes provocantes ; les danses y étaient parfaitement convenables, sans attitudes inconvenantes et sans gestes évocateurs vraiment pénibles à regarder.

Dans ces réunions, naturellement, aucune boisson alcoolique ne devrait être tolérée. Nous ne parlons ici que d'une région que nous connaissons bien. Nous nous sommes laissé dire qu'ailleurs le danger de ces bals champêtres était le retour pour lequel un danseur offrait galamment son bras.

BIBLIOTHÈQUES

Toutes nos mairies, à moins que ce ne soit l'école voisine, devraient être le siège d'une bibliothèque, dont les volumes circuleraient dans la commune, et parmi ceux-ci les livres traitant de questions agricoles ou de tout ce qui rend la vie à la campagne agréable et désirable.

La mairie ne pourrait-elle pas aussi, dans les agglomérations d'une certaine importance, servir de cadre à de modestes expositions populaires circulantes ? Il y en a constamment en Angleterre dans les quartiers excentriques et elles sont extrêmement fréquentées.

Elles ne devraient pas forcément être limitées à la peinture et à la sculpture, mais lorsque des projets de travaux communaux un peu importants seraient à l'ordre du jour, il serait bon qu'ils fussent exposés sous les yeux des habitants de la commune.

Des expositions de travaux féminins, et tout particulièrement des produits de ces industries rurales dont on doit poursuivre avec énergie le relèvement, devraient aussi être organisées.

Quelques travaux des meilleurs élèves de l'école communale, au moment des prix, ne pourraient-ils pas aussi être présentés aux parents et amis de la commune ?

LE VILLAGE DE DEMAIN

Sommes-nous trop optimistes en estimant que, lorsque le village sera ainsi organisé, ses habitants lui resteront attachés, et que les sentiments de solidarité, non plus seulement en vue de buts matériels (ce qui existe déjà dans des proportions encourageantes), mais en vue de buts surtout moraux, trouveront, pour se développer, un meilleur terrain ?

Alors les proportions changeront, et tandis qu'actuellement sur 25.000 sociétés de secours mutuels, il y en a à peine 6.000 partiellement ou entièrement rurales, on arrivera au moins à l'égalité. Au lieu qu'il n'existe encore maintenant que 160 caisses de retraites fondées au profit des travailleurs agricoles et des petits propriétaires, on s'orientera résolument vers la retraite assurée à tous les travailleurs.

Comment, à l'époque actuelle, admettre qu'un brave travailleur rural, lorsqu'il est malade, ne voie pas immédiatement l'action de la solidarité sociale s'exercer en sa faveur ? Combien il regrettera alors de ne pas s'être imposé plus tôt le sacrifice modique que constitue la cotisation à une Société de secours mutuels pour assurer à sa femme et à ses enfants en même temps qu'à lui-même les soins nécessaires en cas de maladie !

Il s'empressera de s'y faire admettre ; puis, le sens social s'éveillant chez lui, il comprendra que la loi de solidarité ne permet pas de laisser un invalide dans le besoin. Chacun de nous peut être frappé d'invalidité ; n'est-il pas naturel que les favorisés qui ont le bonheur de rester en possession

de tous leurs moyens de travail s'imposent, même avec joie,
un modeste sacrifice en faveur des victimes de maux qui
leur sont jusqu'ici épargnés.

Et ainsi, d'échelon en échelon, peu à peu on arrivera à
appliquer le principe si fécond de la mutualité, dans son
sens le plus élevé, à tous les risques dont est menacé notre
pauvre humanité.

C'est le côté, un peu mortifiant, mais cependant si beau
et si grand des œuvres sociales, de voir toujours le but fuir
devant soi dès qu'on l'a entrevu. Comme pour la symbolique échelle de Jacob dont le faîte se perd dans le ciel, dès
qu'un échelon a été gravi, le suivant se présente immédiatement et il en est ainsi indéfiniment. C'est que les œuvres
sociales sont une émanation de la conscience et du cœur ;
elles sont une conséquence immédiate du progrès moral et,
comme lui, elles n'ont pas de limites.

Peut-être le programme que nous venons de tracer paraî-
tra-t-il peu intéressant à un certain nombre de personnes et
à quelques politiciens, parce qu'il ne comporte que très peu
de dépenses.

Nous plaçant à un point de vue diamétralement opposé,
nous avons, au contraire, cherché à obtenir des résultats que
nous croyons importants avec un minimum de dépenses.

MOYENS D'EXÉCUTION

Tel qu'il est, qui se chargera de l'exécuter ?

Sans doute, les frais insignifiants que nécessitent les
réunions projetées à la mairie et ceux, plus importants,
mais indispensables (1) qu'imposera l'aménagement des
terrains de jeux seront supportés par la commune ; mais
devons-nous compter sur les municipalités pour prendre

---

(1) Nous estimons qu'une loi devra, le plus tôt possible, obliger
toutes les communes à avoir un ou plusieurs terrains de jeux comme
elles sont tenues d'avoir une ou plusieurs écoles.

les utiles initiatives que nous avons énumérées plus haut ?

Nous ne le pensons pas ; un bien petit nombre d'entre elles se sont montrées jusqu'ici animées d'un semblable esprit d'entreprise, quelque modeste qu'il soit.

N'est-il pas naturel de compter pour les stimuler sur les organisations qui ont donné les preuves les plus certaines et les plus persévérantes d'esprit d'initiative et qui ont déjà obtenu des résultats considérables ?

On peut dire, croyons-nous, sans exagération que, grâce aux syndicats et aux unions de syndicats, c'est une véritable transformation de l'agriculture qui s'est opérée au point de vue matériel.

Nous demandons à ces mêmes organismes d'entreprendre maintenant une transformation similaire pour des buts moraux et patriotiques.

C'est bien un but moral que poursuivent toutes les modestes réformes que nous avons préconisées, mais nous ne craignons pas d'affirmer que les résultats matériels ne seront pas de moindre importance.

Les syndicats ont eu le grand mérite de faire pénétrer l'esprit coopératif et l'esprit mutualiste dans les milieux ruraux, c'est la floraison morale de ces deux germes que nous les supplions maintenant de provoquer.

Les hommes de haute intelligence, de remarquable esprit pratique et d'admirable dévouement qui ont, avec une énergie peu commune, pris la tête du mouvement syndical, ont naturellement couru au plus pressé ; il fallait tout d'abord sortir de l'état d'inorganisation où était l'agriculture.

Un succès bien mérité a couronné la première partie de leur tâche ; il ne cessera maintenant de continuer à s'affirmer. C'est le moment de gravir un nouvel échelon vers plus de bonté, plus de solidarité, plus de mieux être moral et matériel en faveur des moins favorisés.

Plusieurs syndicats et unions de syndicats et en particulier l'Union des syndicats du Sud-Est sont déjà entrés dans cette voie, il ne s'agit pour eux que d'une simple accentuation de leur orientation.

Il nous semble impossible bien entendu, que le Gouvernement ne seconde pas un semblable mouvement, mais ne comptons pas sur lui pour en prendre l'initiative ; la machine administrative est trop lourde et trop difficile à mettre en mouvement !

C'est par les électeurs ruraux, par les grands cultivateurs, les petits propriétaires et les travailleurs ruraux que la réforme s'opérera si les syndicats veulent bien, dès maintenant, entreprendre auprès d'eux la propagande utile dont ils possèdent d'ailleurs tous les éléments.

Les électeurs et les électrices ruraux, lorsqu'ils seront conquis à ces idées, ne tarderont pas à imposer leurs décisions à leurs élus municipaux.

Ceux-ci à leur tour, sauront bien, par leurs conseillers généraux, obtenir du département, lorsque ce sera nécessaire, les subventions indispensables pour l'aménagement de leurs terrains de jeux dans les communes pauvres.

En procédant ainsi, on ne fera qu'appliquer la formule qui a fait ses preuves dans les pays qui sont à la tête du mouvement social, et en particulier en Belgique « l'initiative privée subsidiée ».

Sans doute, le Gouvernement aura, dans ce mouvement, sa tâche à remplir ; il devra stimuler les maires et les conseils généraux, et leur apporter son concours dévoué lorsque, dans des cas spéciaux, une décision dépendra de lui, mais, de grâce, n'augmentons pas la charge effrayante dont malheureusement il a cru devoir s'accabler au cours de ces dernières années.

Et puis, nous le répétons, la machine gouvernementale est lourde, lente et si souvent réfractaire, et le mal est trop grave ; il faut agir vite.

*
* *

Un autre motif impose également l'action immédiate.

Dans toutes les âmes vraiment françaises non seulement à l'avant, chez nos héroïques soldats, mais aussi dans tout le pays, les sentiments de ceux qui ont été impressionnés

tant de douleurs se sont élevés. Ils ont, mieux que
ais, senti l'étendue de leurs devoirs envers le prochain.
là est venue cette éclosion magnifique de tant d'œuvres
guerre. Les femmes ont été admirables ; comment celles
ui se sont penchées avec un si merveilleux dévouement et
ne si angélique bonté sur les lits de nos blessés, qui ont
uté la joie sublime d'adoucir, de tarir des souffrances,
ourneraient-elles à des occupations vaines et stériles ?

Elles voudront au contraire, continuer cette existence
minemment bienfaisante, utile, en un mot chrétienne, et
grande majorité parmi elles, l'ont nettement manifesté.

Ne laissons pas inactives ces réserves inestimables de dé-
uement et de généreuse bonté. Offrons-leur immédiatement
la campagne plus encore qu'à la ville (car beaucoup d'entre-
ises y présentent plus de difficultés), les moyens de s'utiliser.

N'est-ce pas au moment où un si grand nombre d'entre
us, trop cruellement frappés pour concevoir encore le
nheur pour eux-mêmes, veulent au moins s'efforcer de
minuer les douleurs de leur prochain qu'il faut leur en
rir le moyen ?

Animés d'une ferme volonté de progrès moral, ayant
mme unique soutien, un idéal élevé et l'espoir du revoir
ernel, comment ne se donneraient-ils pas tout entiers à
dmirable tâche qui leur est offerte ?

C'est l'idéal qui mène le monde.

Sans lui, on peut faire progresser la science, mais à quels
ts risque-t-on de l'employer ? Nos ennemis nous l'ont
ontré.

Ils n'ont pas craint d'employer la charrue, cet outil
erveilleusement symbolique, à creuser des tranchées, alors
e dans notre Patrie, de temps immémorial, elle traça des
lons.

*
* *

Mais les blessures faites par eux à notre sol sacré sont
jà en partie cicatrisées.

Sur ces terres reconquises, notre noble Semeuse a déjà

passé jetant, avec son geste auguste, sur le sillon tracé par le héros de la victoire, la généreuse semence de bonté, de solidarité, de progrès.

Bientôt mûriront de splendides moissons d'énergie, de bonheur, de fraternité et d'union qui assureront définitivement à notre pays, le rang qui lui a été reconquis par le sacrifice des meilleurs de ses enfants.

TABLE DES MATIÈRES

Les agents de la production agricole. — Les transformations de l'agriculture. — Son industrialisation. — Le capital. — Le cheptel. — Développement de l'outillage. — Les engrais. — L'enseignement. — La solidarité. — La main-d'œuvre.

Iʳᵉ PARTIE

La situation du travailleur agricole.

Division du sol. — Modes d'exploitation du sol : faire-valoir direct ; grande, moyenne et petite propriété, fermage, métayage. — Exode rural : la dépopulation des campagnes et le travailleur agricole. — Petits propriétaires, métayers, ouvriers agricoles.

Les domestiques à l'année. — Travaux ; mode d'existence ; louage ; usages ; habitudes. — Journaliers : mode de paiement ; salaire en nature ; salaire en argent ; hausse des salaires agricoles. — Le chômage.

Le petit propriétaire cultivateur et l'ouvrier agricole ; condition souvent identique. — L'habitation, le mobilier. — Considérations spéciales sur le logement des ouvriers agricoles. — L'alimentation ; la table commune à la ferme. — Le pain. — Repas de moisson, de vendanges et de battage. — Le vêtement ; ses modifications. Regrettable abandon

IIᵉ PARTIE

La protection du travailleur agricole.

CONCLUSIONS

Vannes. — Imprimerie LAFOLYE Frères et Cⁱᵉ.